쩐진! 합격
ON

당신도 이번에 반드시 합격합니다!

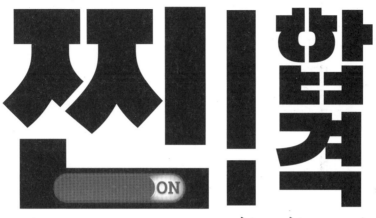

100% 상세한 해설

1개년 과년도 **소방설비기사** 전기④-1 **실기**

2023년 과년도 출제문제

우석대학교 소방방재학과 교수 **공하성**

BM (주)도서출판 **성안당**

자문위원

김귀주 강동대학교	배익수 부산경상대학교	이해평 강원대학교
김만규 부산경상대학교	송용선 목원대학교	장영수 (주)대원에프에스
김현우 경민대학교	이장원 서정대학교	한석우 국제대학교
류창수 대구보건대학교	이종화 호남대학교	황상균 경북전문대학교

※가나다 순

더 좋은 책을 만들기 위한 노력이 지금도 계속되고 있습니다. 이 책에 대하여 자문위원으로 활동해 주실 훌륭한 교수님을 모십니다.

+++++++++++++
+++++++++++++
머리말

God loves you, and has a wonderful plan for you.

안녕하십니까?

우석대학교 소방방재학과 교수 공하성입니다.

지난 29년간 보내주신 독자 여러분의 아낌없는 찬사에 진심으로 감사드립니다.

앞으로도 변함없는 성원을 부탁드리며, 여러분들의 성원에 힘입어 항상 더 좋은 책으로 거듭나겠습니다.

이 책의 특징은 학원 강의를 듣듯 정말 자세하게 설명해 놓았습니다. 책을 한 장 한 장 넘길 때마다 확연하게 느낄 것입니다.

또한, 기존 시중에 있는 다른 책들의 잘못 설명된 점들에 대하여 지적해 놓음으로써 여러 권의 책을 가지고 공부하는 독자들에게 혼동의 소지가 없도록 하였습니다.

일반적으로 소방설비기사의 기출문제를 분석해보면 문제은행식으로 과년도 문제가 매년 거듭 출제되고 있습니다. 그러므로 과년도 문제만 풀어보아도 충분히 합격할 수가 있습니다.

이 책은 여기에 중점을 두어 국내 최다의 과년도 문제를 실었습니다. 과년도 문제가 응용문제를 풀 수 있는 가장 좋은 문제입니다.

또한, 각 문제마다 아래와 같이 중요도를 표시하였습니다.

별표 없는 것	출제빈도 10%	★	출제빈도 30%
★★	출제빈도 70%	★★★	출제빈도 90%

본 책에는 <u>일부 잘못된 부분이 있을 수 있으며,</u> 잘못된 부분에 대해서는 발견 즉시 저자의 카페 (cafe.daum.net/firepass, cafe.naver.com/fireleader)에 올리도록 하고, 새로운 책이 나올 때마다 늘 수정·보완하도록 하겠습니다. 원고 정리를 도와준 안재천 교수님, 김혜원 님에게 감사를 드립니다.

끝으로 이 책에 대한 모든 영광을 그 분께 돌려드립니다.

공하성 올림

소방설비기사 출제경향분석
(최근 10년간 출제된 과년도 문제 분석)

1. 자동화재탐지설비	30.3%
2. 자동화재속보설비	0.1%
3. 비상경보설비	0.7%
4. 비상방송설비	2.4%
5. 누전경보기	7.3%
6. 가스누설경보기	1.4%
7. 유도등 · 유도표지	3.5%
8. 비상조명등	0.4%
9. 비상콘센트설비	3.0%
10. 무선통신보조설비	3.6%
11. 옥내소화전설비	1.0%
12. 옥외소화전설비	
13. 스프링클러설비	4.5%
14. 물분무소화설비	
15. 포소화설비	
16. 이산화탄소 소화설비	3.8%
17. 할론소화설비	4.3%
18. 분말소화설비	0.5%
19. 제연설비	1.5%
20. 연결송수관설비	
21. 소방전기설비	7.3%
22. 배선시공기준	11.8%
23. 시퀀스회로	7.6%
24. 배연창설비	0.3%
25. 자동방화문설비	
26. 방화셔터설비	
27. 옥내배선기호	4.7%

– 일반사항

1. 시험문제를 받는 즉시 응시하고자 하는 종목의 문제지가 맞는지를 확인하여야 합니다.

2. 시험문제지 총면수·문제번호 순서·인쇄상태 등을 확인하고(**확인 이후 시험문제지 교체불가**), 수험번호 및 성명을 답안지에 기재하여야 합니다.

3. 부정 또는 불공정한 방법(시험문제 내용과 관련된 메모지 사용 등)으로 시험을 치른 자는 부정행위자로 처리되어 당해 시험을 중지 또는 무효로 하고, 3년간 국가기술자격검정의 응시자격이 정지됩니다.

4. 저장용량이 큰 전자계산기 및 유사 전자제품 사용시에는 반드시 저장된 메모리를 초기화한 후 사용하여야 하며, 시험위원이 초기화 여부를 확인할 시 협조하여야 합니다. 초기화되지 않은 전자계산기 및 유사 전자제품을 사용하여 적발시에는 부정행위로 간주합니다.

5. 시험 중에는 통신기기 및 전자기기(휴대용 전화기 및 **스마트워치** 등)를 지참하거나 사용할 수 없습니다.

6. **문제 및 답안(지), 채점기준은 공개하지 않습니다.**

7. 복합형 시험의 경우 시험의 전 과정(필답형, 작업형)을 응시하지 않은 경우 채점대상에서 제외합니다.

8. 국가기술자격 시험문제는 일부 또는 전부가 저작권법상 보호되는 저작물이고, 저작권자는 한국산업인력공단입니다. 문제의 일부 또는 전부를 무단 복제, 배포, 출판, 전자출판 하는 등 저작권을 침해하는 일체의 행위를 금합니다.

– 채점사항

1. 수험자 인적사항 및 계산식을 포함한 답안작성은 흑색 필기구만 사용해야 하며, 그 외 연필류, 빨간색, 청색 등 필기구로 작성한 답항은 0점 처리되오니 불이익을 당하지 않도록 유의해 주시기 바랍니다.

2. 답란에는 문제와 관련 없는 불필요한 낙서나 특이한 기록사항 등을 기재하여서는 안 되며, 답안지의 인적사항 기재란 외의 부분에 답안과 관련 없는 **특수한 표시를 하거나 특정인임을 암시하는 경우 답안지 전체를 0점 처리합니다.**

3. 계산문제는 반드시 「계산과정」과 「답」란에 기재하여야 하며, **계산과정이 틀리거나 없는 경우 0점 처리됩니다.**

4. 계산문제는 최종 결과 값(답)에서 소수 셋째자리에서 반올림하여 둘째자리까지 구하여야 하나 개별문제에서 소수처리에 대한 요구사항이 있을 경우 그 요구사항에 따라야 합니다.

5. 답에 단위가 없으면 오답으로 처리됩니다. (단, 문제의 요구사항에 단위가 주어졌을 경우는 생략되어도 무방합니다.)

6. 문제에서 요구한 가지수(항수) 이상을 답란에 표기한 경우에는 답란기재 순으로 요구된 가지수(항수)만 채점하고 한 항에 여러 가지를 기재하더라도 한 가지로 보며 그중 정답과 오답이 함께 기재되어 있을 경우 오답으로 처리됩니다.

7. 답안 정정 시에는 정정하고자 하는 단어에 두 줄(=)을 긋고 다시 기재 가능하며, 수정테이프 등은 사용할 수 없으며, 수성테이프 사용 시 채점대상에서 제외됨을 알려드립니다.

※ 수험자 유의사항 미준수로 인한 채점상의 불이익은 수험자 본인에게 책임이 있습니다.

CONTENTS

과년도 기출문제

++++++++++
++++++++++ 이 책의 특징

각 문제마다 중요도를 표시하여 ★
이 많은 것은 특별히 주의 깊게 보도
록 하였음

각 문제마
다 배점을
표시하여
배점기준
을 파악할
수 있도록
하였음

★★★

🔧 문제 06

어느 건물의 자동화재탐지설비의 수신기를 보니 스위치 주의등이 점멸하고 있었다. 어떤 경우에 점멸
하는지 그 원인을 2가지만 예를 들어 설명하시오.

득점	배점
	4

ㅇ
ㅇ

정답 ① 지구경종 정지스위치 ON시
② 주경종 정지스위치 ON시

해설 **스위치 주의등 점멸**시의 **원인**
① 지구경종 정지스위치 ON시
② 주경종 정지스위치 ON시
③ 자동복구 스위치 ON시
④ 도통시험 스위치 ON시
등으로 각 스위치가 ON상태에서 점멸한다.

특히, 중요한 내용은 별도로 정리하여 쉽
게 암기할 수 있도록 하였음

📌 중요

교차회로방식

구분	설명
정의	하나의 방호구역 내에 2 이상의 화재감지기 회로를 설치하고 인접한 2 이상의 화재감지기가 동시에 감지되는 때에 스프링클러 설비가 작동되도록 하는 방식
적용설비	① 분말소화설비 ② CO_2 소화설비 ③ 할론 소화설비 ④ 준비작동식 스프링클러 설비 ⑤ 일제살수식 스프링클러 설비 ⑥ 청정소화약제 소화설비

📌 참고

실드선의 **단면** 및 **외형**

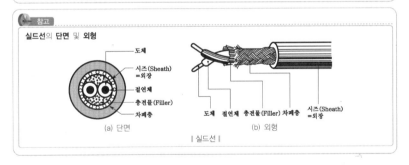

(a) 단면   (b) 외형

‖ 실드선 ‖

시험안내

소방설비기사 실기(전기분야) 시험내용

구 분	내 용
시험 과목	소방전기시설 설계 및 시공실무
출제 문제	12~18문제
합격 기준	60점 이상
시험 시간	3시간
문제 유형	필답형

단위환산표

단위환산표(전기분야)

명 칭	기 호	크 기	명 칭	기 호	크 기
테라(tera)	T	10^{12}	피코(pico)	p	10^{-12}
기가(giga)	G	10^{9}	나노(nano)	n	10^{-9}
메가(mega)	M	10^{6}	마이크로(micro)	μ	10^{-6}
킬로(kilo)	k	10^{3}	밀리(milli)	m	10^{-3}
헥토(hecto)	h	10^{2}	센티(centi)	c	10^{-2}
데카(deka)	D	10^{1}	데시(deci)	d	10^{-1}

〈보기〉
- $1km=10^{3}m$
- $1mm=10^{-3}m$
- $1pF=10^{-12}F$
- $1\mu m=10^{-6}m$

단위읽기표

단위읽기표(전기분야)

여러분들이 고민하는 것 중 하나가 단위를 어떻게 읽느냐 하는 것일 듯합니다. 그 방법을 속시원하게 공개해 드립니다.

(알파벳 순)

단위	단위 읽는 법	단위의 의미(물리량)
[Ah]	암페어 아워(Ampere hour)	축전지의 용량
[AT/m]	암페어 턴 퍼 미터(Ampere Turn per meter)	자계의 세기
[AT/Wb]	암페어 턴 퍼 웨버(Ampere Turn per Weber)	자기저항
[atm]	에이 티 엠(atmosphere)	기압, 압력
[AT]	암페어 턴(Ampere Turn)	기자력
[A]	암페어(Ampere)	전류
[BTU]	비티유(British Thermal Unit)	열량
$[C/m^2]$	쿨롱 퍼 제곱 미터(Coulomb per meter square)	전속밀도
[cal/g]	칼로리 퍼 그램(calorie per gram)	융해열, 기화열
[cal/g℃]	칼로리 퍼 그램 도씨(calorie per gram degree Celsius)	비열
[cal]	칼로리(calorie)	에너지, 일
[C]	쿨롱(Coulomb)	전하(전기량)
[dB/m]	데시벨 퍼 미터(deciBel per meter)	감쇠정수
[dyn], [dyne]	다인(dyne)	힘
[erg]	에르그(erg)	에너지, 일
[F/m]	패럿 퍼 미터(Farad per meter)	유전율
[F]	패럿(Farad)	정전용량(커패시턴스)
[gauss]	가우스(gauss)	자화의 세기
[g]	그램(gram)	질량
[H/m]	헨리 퍼 미터(Henry per meter)	투자율
[HP]	마력(Horse Power)	일률
[Hz]	헤르츠(Hertz)	주파수
[H]	헨리(Henry)	인덕턴스
[h]	아워(hour)	시간
$[J/m^3]$	줄 퍼 세제곱 미터(Joule per meter cubic)	에너지 밀도
[J]	줄(Joule)	에너지, 일
$[kg/m^2]$	킬로그램 퍼 제곱 미터(kilogram per meter square)	화재하중
[K]	케이(Kelvin temperature)	켈빈온도
[lb]	파운더(pound)	중량
$[m^{-1}]$	미터 마이너스 일제곱(meter−)	감광계수
[m/min]	미터 퍼 미뉴트(meter per minute)	속도
[m/s], [m/sec]	미터 퍼 세컨드(meter per second)	속도
$[m^2]$	제곱 미터(meter square)	면적

단위	단위 읽는 법	단위의 의미(물리량)
$[maxwell/m^2]$	맥스웰 퍼 제곱 미터(maxwell per meter square)	자화의 세기
$[mol]$, $[mole]$	몰(mole)	물질의 양
$[m]$	미터(meter)	길이
$[N/C]$	뉴턴 퍼 쿨롱(Newton per Coulomb)	전계의 세기
$[N]$	뉴턴(Newton)	힘
$[N \cdot m]$	뉴턴 미터(Newton meter)	회전력
$[PS]$	미터마력(PferdeStarke)	일률
$[rad/m]$	라디안 퍼 미터(radian per meter)	위상정수
$[rad/s]$, $[rad/sec]$	라디안 퍼 세컨드(radian per second)	각주파수, 각속도
$[rad]$	라디안(radian)	각도
$[rpm]$	알피엠(revolution per minute)	동기속도, 회전속도
$[S]$	지멘스(Siemens)	컨덕턴스
$[s]$, $[sec]$	세컨드(second)	시간
$[V/cell]$	볼트 퍼 셀(Volt per cell)	축전지 1개의 최저 허용전압
$[V/m]$	볼트 퍼 미터(Volt per meter)	전계의 세기
$[Var]$	바르(Var)	무효전력
$[VA]$	볼트 암페어(Volt Ampere)	피상전력
$[vol\%]$	볼륨 퍼센트(volume percent)	농도
$[V]$	볼트(Volt)	전압
$[W/m^2]$	와트 퍼 제곱 미터(Watt per meter square)	대류열
$[W/m^2 \cdot K^3]$	와트 퍼 제곱 미터 케이 세제곱(Watt per meter square Kelvin cubic)	스테판 볼츠만 상수
$[W/m^2 \cdot ℃]$	와트 퍼 제곱 미터 도씨(Watt per meter square degree Celsius)	열전달률
$[W/m^3]$	와트 퍼 세제곱 미터(Watt per meter cubic)	와전류손
$[W/m \cdot K]$	와트 퍼 미터 케이(Watt per meter Kelvin)	열전도율
$[W/sec]$, $[W/s]$	와트 퍼 세컨드(Watt per second)	전도열
$[Wb/m^2]$	웨버 퍼 제곱 미터(Weber per meter square)	자화의 세기
$[Wb]$	웨버(Weber)	자극의 세기, 자속, 자화
$[Wb \cdot m]$	웨버 미터(Weber meter)	자기모멘트
$[W]$	와트(Watt)	전력, 유효전력(소비전력)
$[°F]$	도에프(degree Fahrenheit)	화씨온도
$[°R]$	도알(degree Rankine temperature)	랭킨온도
$[Ω^{-1}]$	옴 마이너스 일제곱(ohm-)	컨덕턴스
$[Ω]$	옴(ohm)	저항
$[℧]$	모(mho)	컨덕턴스
$[℃]$	도씨(degree Celsius)	섭씨온도

+ + + + + + + + + + + +
+ + + + + + + + + + + + **단위읽기표**

(가나다 순)

단위의 의미(물리량)	단위	단위 읽는 법
각도	$[\text{rad}]$	라디안(radian)
각주파수, 각속도	$[\text{rad/s}]$, $[\text{rad/sec}]$	라디안 퍼 세컨드(radian per second)
감광계수	$[\text{m}^{-1}]$	미터 마이너스 일제곱(meter−)
감쇠정수	$[\text{dB/m}]$	데시벨 퍼 미터(deciBel per meter)
기압, 압력	$[\text{atm}]$	에이 티 엠(atmosphere)
기자력	$[\text{AT}]$	암페어 턴(Ampere Turn)
길이	$[\text{m}]$	미터(meter)
농도	$[\text{vol\%}]$	볼륨 퍼센트(volume percent)
대류열	$[\text{W/m}^2]$	와트 퍼 제곱 미터(Watt per meter square)
동기속도, 회전속도	$[\text{rpm}]$	알피엠(revolution per minute)
랭킨온도	$[°\text{R}]$	도알(degree Rankine temperature)
면적	$[\text{m}^2]$	제곱 미터(meter square)
무효전력	$[\text{Var}]$	바르(Var)
물질의 양	$[\text{mol}]$, $[\text{mole}]$	몰(mole)
비열	$[\text{cal/g}°\text{C}]$	칼로리 퍼 그램 도씨(calorie per gram degree Celsius)
섭씨온도	$[°\text{C}]$	도씨(degree Celsius)
속도	$[\text{m/min}]$	미터 퍼 미뉴트(meter per minute)
속도	$[\text{m/s}]$, $[\text{m/sec}]$	미터 퍼 세컨드(meter per second)
스테판 볼츠만 상수	$[\text{W/m}^2 \cdot \text{K}^3]$	와트 퍼 제곱 미터 케이 세제곱(Watt per meter square Kelvin cubic)
시간	$[\text{h}]$	아워(hour)
시간	$[\text{s}]$, $[\text{sec}]$	세컨드(second)
에너지 밀도	$[\text{J/m}^3]$	줄 퍼 세제곱 미터(Joule per meter cubic)
에너지, 일	$[\text{cal}]$	칼로리(calorie)
에너지, 일	$[\text{erg}]$	에르그(erg)
에너지, 일	$[\text{J}]$	줄(Joule)
열량	$[\text{BTU}]$	비티유(British Thermal Unit)
열전달률	$[\text{W/m}^2 \cdot °\text{C}]$	와트 퍼 제곱 미터 도씨(Watt per meter square degree Celsius)
열전도율	$[\text{W/m} \cdot \text{K}]$	와트 퍼 미터 케이(Watt per meter Kelvin)
와전류손	$[\text{W/m}^3]$	와트 퍼 세제곱 미터(Watt per meter cubic)
위상정수	$[\text{rad/m}]$	라디안 퍼 미터(radian per meter)
유전율	$[\text{F/m}]$	패럿 퍼 미터(Farad per meter)
융해열, 기화열	$[\text{cal/g}]$	칼로리 퍼 그램(calorie per gram)

단위의 의미(물리량)	단위	단위 읽는 법
인덕턴스	[H]	헨리(Henry)
일률	[HP]	마력(Horse Power)
일률	[PS]	미터마력(PferdeStarke)
자계의 세기	[AT/m]	암페어 턴 퍼 미터(Ampere Turn per meter)
자극의 세기, 자속, 자화	[Wb]	웨버(Weber)
자기모멘트	[Wb·m]	웨버 미터(Weber meter)
자기저항	[AT/Wb]	암페어 턴 퍼 웨버(Ampere Turn per Weber)
자화의 세기	[gauss]	가우스(gauss)
자화의 세기	[maxwell/m^2]	맥스웰 퍼 제곱 미터(maxwell per meter square)
자화의 세기	[Wb/m^2]	웨버 퍼 제곱 미터(Weber per meter square)
저항	[Ω]	옴(ohm)
전계의 세기	[N/C]	뉴턴 퍼 쿨롱(Newton per Coulomb)
전계의 세기	[V/m]	볼트 퍼 미터(Volt per meter)
전도열	[W/sec], [W/s]	와트 퍼 세컨드(Watt per second)
전력, 유효전력(소비전력)	[W]	와트(Watt)
전류	[A]	암페어(Ampere)
전속밀도	[C/m^2]	쿨롱 퍼 제곱 미터(Coulomb per meter square)
전압	[V]	볼트(Volt)
전하(전기량)	[C]	쿨롱(Coulomb)
정전용량(커패시턴스)	[F]	패럿(Farad)
주파수	[Hz]	헤르츠(Hertz)
중량	[lb]	파운더(pound)
질량	[g]	그램(gram)
축전지 1개의 최저 허용전압	[V/cell]	볼트 퍼 셀(Volt per cell)
축전지의 용량	[Ah]	암페어 아워(Ampere hour)
컨덕턴스	[S]	지멘스(Siemens)
컨덕턴스	[℧]	모(mho)
컨덕턴스	[Ω^{-1}]	옴 마이너스 일제곱(ohm−)
켈빈온도	[K]	케이(Kelvin temperature)
투자율	[H/m]	헨리 퍼 미터(Henry per meter)
피상전력	[VA]	볼트 암페어(Volt Ampere)
화씨온도	[°F]	도에프(degree Fahrenheit)
화재하중	[kg/m^2]	킬로그램 퍼 제곱 미터(kilogram per meter square)
회전력	[N·m]	뉴턴 미터(Newton meter)
힘	[dyn], [dyne]	다인(dyne)
힘	[N]	뉴턴(Newton)

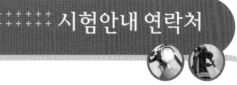

+++++++++ 시험안내 연락처

기관명	주 소	전화번호
서울지역본부	02512 서울 동대문구 장안벚꽃로 279(휘경동 49-35)	02-2137-0590
서울서부지사	03302 서울 은평구 진관3로 36(진관동 산100-23)	02-2024-1700
서울남부지사	07225 서울시 영등포구 버드나루로 110(당산동)	02-876-8322
서울강남지사	06193 서울시 강남구 테헤란로 412 T412빌딩 15층(대치동)	02-2161-9100
인천지사	21634 인천시 남동구 남동서로 209(고잔동)	032-820-8600
경인지역본부	16626 경기도 수원시 권선구 호매실로 46-68(탑동)	031-249-1201
경기동부지사	13313 경기 성남시 수정구 성남대로 1217(수진동)	031-750-6200
경기서부지사	14488 경기도 부천시 길주로 463번길 69(춘의동)	032-719-0800
경기남부지사	17561 경기 안성시 공도읍 공도로 51-23	031-615-9000
경기북부지사	11801 경기도 의정부시 바대논길 21 해인프라자 3~5층(고산동)	031-850-9100
강원지사	24408 강원특별자치도 춘천시 동내면 원창 고개길 135(학곡리)	033-248-8500
강원동부지사	25440 강원특별자치도 강릉시 사천면 방동길 60(방동리)	033-650-5700
부산지역본부	46519 부산시 북구 금곡대로 441번길 26(금곡동)	051-330-1910
부산남부지사	48518 부산시 남구 신선로 454-18(용당동)	051-620-1910
경남지사	51519 경남 창원시 성산구 두대로 239(중앙동)	055-212-7200
경남서부지사	52733 경남 진주시 남강로 1689(초전동 260)	055-791-0700
울산지사	44538 울산광역시 중구 종가로 347(교동)	052-220-3277
대구지역본부	42704 대구시 달서구 성서공단로 213(갈산동)	053-580-2300
경북지사	36616 경북 안동시 서후면 학가산 온천길 42(명리)	054-840-3000
경북동부지사	37580 경북 포항시 북구 법원로 140번길 9(장성동)	054-230-3200
경북서부지사	39371 경상북도 구미시 산호대로 253(구미첨단의료 기술타워 2층)	054-713-3000
광주지역본부	61008 광주광역시 북구 첨단벤처로 82(대촌동)	062-970-1700
전북지사	54852 전북 전주시 덕진구 유상로 69(팔복동)	063-210-9200
전북서부지사	54098 전북 군산시 공단대로 197번지 풍산빌딩 2층(수송동)	063-731-5500
전남지사	57948 전남 순천시 순광로 35-2(조례동)	061-720-8500
전남서부지사	58604 전남 목포시 영산로 820(대양동)	061-288-3300
대전지역본부	35000 대전광역시 중구 서문로 25번길 1(문화동)	042-580-9100
충북지사	28456 충북 청주시 흥덕구 1순환로 394번길 81(신봉동)	043-279-9000
충북북부지사	27480 충북 충주시 호암수청2로 14 충주농협 호암행복지점 3~4층(호암동)	043-722-4300
충남지사	31081 충남 천안시 서북구 상고1길 27(신당동)	041-620-7600
세종지사	30128 세종특별자치시 한누리대로 296(나성동)	044-410-8000
제주지사	63220 제주 제주시 복지로 19(도남동)	064-729-0701

※ 청사이전 및 조직변동 시 주소와 전화번호가 변경, 추가될 수 있음

📖 **기사** : 다음의 어느 하나에 해당하는 사람

1. **산업기사** 등급 이상의 자격을 취득한 후 응시하려는 종목이 속하는 동일 및 유사 직무분야에서 **1년 이상** 실무에 종사한 사람
2. **기능사** 자격을 취득한 후 응시하려는 종목이 속하는 동일 및 유사 직무분야에서 **3년 이상** 실무에 종사한 사람
3. 응시하려는 종목이 속하는 동일 및 유사 직무분야의 다른 종목의 기사 등급 이상의 자격을 취득한 사람
4. 관련학과의 대학졸업자 등 또는 그 졸업예정자
5. **3년제 전문대학** 관련학과 졸업자 등으로서 졸업 후 응시하려는 종목이 속하는 동일 및 유사 직무분야에서 **1년 이상** 실무에 종사한 사람
6. **2년제 전문대학** 관련학과 졸업자 등으로서 졸업 후 응시하려는 종목이 속하는 동일 및 유사 직무분야에서 **2년 이상** 실무에 종사한 사람
7. 동일 및 유사 직무분야의 **기사** 수준 기술훈련과정 이수자 또는 그 이수예정자
8. 동일 및 유사 직무분야의 **산업기사** 수준 기술훈련과정 이수자로서 이수 후 응시하려는 종목이 속하는 동일 및 유사 직무분야에서 **2년 이상** 실무에 종사한 사람
9. 응시하려는 종목이 속하는 동일 및 유사 직무분야에서 **4년 이상** 실무에 종사한 사람
10. 외국에서 동일한 종목에 해당하는 자격을 취득한 사람

📖 **산업기사** : 다음의 어느 하나에 해당하는 사람

1. **기능사** 등급 이상의 자격을 취득한 후 응시하려는 종목이 속하는 동일 및 유사 직무분야에 **1년 이상** 실무에 종사한 사람
2. 응시하려는 종목이 속하는 동일 및 유사 직무분야의 다른 종목의 산업기사 등급 이상의 자격을 취득한 사람
3. 관련학과의 **2년제** 또는 **3년제 전문대학**졸업자 등 또는 그 졸업예정자
4. 관련학과의 대학졸업자 등 또는 그 졸업예정자
5. 동일 및 유사 직무분야의 산업기사 수준 기술훈련과정 이수자 또는 그 이수예정자
6. 응시하려는 종목이 속하는 동일 및 유사 직무분야에서 **2년 이상** 실무에 종사한 사람
7. 고용노동부령으로 정하는 기능경기대회 입상자
8. 외국에서 동일한 종목에 해당하는 자격을 취득한 사람
※ 세부사항은 한국산업인력공단 **1644-8000**으로 문의바람

과년도 기출문제

2023년 소방설비기사 실기(전기분야)

▌2023. 4. 22 시행 ················ 23 - 2
▌2023. 7. 22 시행 ················ 23 - 29
▌2023. 11. 5 시행 ················ 23 - 59

** 수험자 유의사항 **

– 일반사항

1. 시험문제를 받는 즉시 응시하고자 하는 종목의 문제지가 맞는지를 확인하여야 합니다.
2. 시험문제지 총면수·문제번호 순서·인쇄상태 등을 확인하고(**확인 이후 시험문제지 교체불가**), 수험번호 및 성명을 답안지에 기재하여야 합니다.
3. 부정 또는 불공정한 방법(시험문제 내용과 관련된 메모지 사용 등)으로 시험을 치른 자는 부정행위자로 처리되어 당해 시험을 중지 또는 무효로 하고, 3년간 국가기술자격검정의 응시자격이 정지됩니다.
4. 저장용량이 큰 전자계산기 및 유사 전자제품 사용시에는 반드시 저장된 메모리를 초기화한 후 사용하여야 하며, 시험위원이 초기화 여부를 확인할 시 협조하여야 합니다. 초기화되지 않은 전자계산기 및 유사 전자제품을 사용하여 적발시에는 부정행위로 간주합니다.
5. 시험 중에는 통신기기 및 전자기기(휴대용 전화기 및 **스마트워치** 등)를 지참하거나 사용할 수 없습니다.
6. **문제 및 답안(지), 채점기준은 공개하지 않습니다.**
7. 복합형 시험의 경우 시험의 전 과정(필답형, 작업형)을 응시하지 않은 경우 채점대상에서 제외합니다.
8. 국가기술자격 시험문제는 일부 또는 전부가 저작권법상 보호되는 저작물이고, 저작권자는 한국산업인력공단입니다. 문제의 일부 또는 전부를 무단 복제, 배포, 출판, 전자출판 하는 등 저작권을 침해하는 일체의 행위를 금합니다.

– 채점사항

1. 수험자 인적사항 및 계산식을 포함한 답안작성은 흑색 필기구만 사용해야 하며, 그 외 연필류, 빨간색, 청색 등 필기구로 작성한 답항은 0점 처리되오니 불이익을 당하지 않도록 유의해 주시기 바랍니다.
2. 답란에는 문제와 관련 없는 불필요한 낙서나 특이한 기록사항 등을 기재하여서는 안 되며, 답안지의 인적사항 기재란 외의 부분에 답안과 관련 없는 **특수한 표시를 하거나 특정인임을 암시하는 경우 답안지 전체를 0점 처리합니다.**
3. 계산문제는 반드시 「계산과정」과 「답」란에 기재하여야 하며, **계산과정이 틀리거나 없는 경우 0점 처리됩니다.**
4. 계산문제는 최종 결과 값(답)에서 소수 셋째자리에서 반올림하여 둘째자리까지 구하여야 하나 개별문제에서 소수 처리에 대한 요구사항이 있을 경우 그 요구사항에 따라야 합니다.
5. 답에 단위가 없으면 오답으로 처리됩니다. (단, 문제의 요구사항에 단위가 주어졌을 경우는 생략되어도 **무방합니다.**)
6. 문제에서 요구한 가지수(항수) 이상을 답란에 표기한 경우에는 답란기재 순으로 요구된 가지수(항수)만 채점하고 한 항에 여러 가지를 기재하더라도 한 가지로 보며 그중 정답과 오답이 함께 기재되어 있을 경우 오답으로 처리됩니다.
7. 답안 정정 시에는 정정하고자 하는 단어에 두 줄(=)을 긋고 다시 기재 가능하며, 수정테이프 등은 사용할 수 없으며, 수정테이프 사용 시 채점대상에서 제외됨을 알려드립니다.

※ 수험자 유의사항 미준수로 인한 채점상의 불이익은 수험자 본인에게 책임이 있습니다.

2023년 기사 제1회 필답형 실기시험			수험번호	성명	감독위원 확 인
자격종목 **소방설비기사(전기분야)**	시험시간 **3시간**	형별			

※ 다음 물음에 답을 해당 답란에 답하시오.(배점 : 100)

★★★

문제 01

예비전원설비로 이용되는 축전지에 대한 다음 각 물음에 답하시오.

(21.11.문1, 20.10.문14)

득점	배점
	6

유사문제부터 풀어보세요.
실력이 팍!팍! 올라갑니다.

(개) 보수율의 의미를 쓰고, 그 것을 산정하는 값은 보통 얼마인지 쓰시오.
　　○의미 :
　　○값 :
(내) 연축전지와 알칼리축전지의 공칭전압[V]을 쓰시오.
　　○연축전지 :
　　○알칼리축전지 :
(대) 최저허용전압이 1.06V/cell일 때 축전지용량[Ah]을 구하시오.

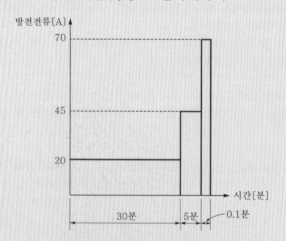

용량환산시간계수 K(온도 5℃에서)

최저허용전압[V/cell]	0.1분	1분	5분	10분	20분	30분
1.10	0.30	0.46	0.56	0.66	0.87	1.04
1.06	0.24	0.33	0.45	0.53	0.70	0.85
1.00	0.20	0.27	0.37	0.45	0.60	0.77

○계산과정 :
○답 :

해답 (가) ○의미 : 부하를 만족하는 용량을 감정하기 위한 계수

　　 ○값 : 0.8

(나) ○연축전지 : 2V

　　 ○알칼리축전지 : 1.2V

(다) ○계산과정 : $\dfrac{1}{0.8} \times (0.85 \times 20 + 0.45 \times 45 + 0.24 \times 70) = 67.56\text{Ah}$

　　 ○답 : 67.56Ah

해설 (가) **보수율**(용량저하율, 경년용량저하율)

　① 의미 : ㉠ 부하를 만족하는 용량을 감정하기 위한 계수

　　　　　 ㉡ 용량저하를 고려하여 설계시에 미리 보상하여 주는 값

　　　　　 ㉢ 축전지의 용량저하를 고려하여 축전지의 용량산정시 여유를 주는 계수

　② 값 : 0.8

(나) **연축전지**와 **알칼리축전지**의 비교

구 분	연축전지	알칼리축전지
공칭전압	2.0V/cell	1.2V/cell
방전종지전압	1.6V/cell	0.96V/cell
기전력	2.05~2.08V/cell	1.32V/cell
공칭용량	10Ah	5Ah
기계적 강도	약하다.	강하다.
과충방전에 의한 전기적 강도	약하다.	강하다.
충전시간	길다.	짧다.
종류	클래드식, 페이스트식	소결식, 포켓식
수명	5~15년	15~20년

중요

공칭전압의 **단위**는 V로도 나타낼 수 있지만 좀 더 정확히 표현하자면 **V/cell**이다.

(다)

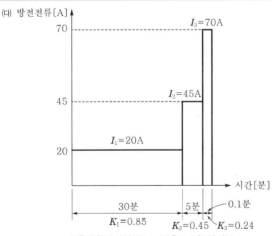

‖ 용량환산시간계수 K(온도 5℃에서) ‖

최저허용전압[V/cell]	0.1분	1분	5분	10분	20분	30분
1.10	0.30	0.46	0.56	0.66	0.87	1.04
1.06 →	0.24 K_3	0.33	0.45 K_2	0.53	0.70	0.85 K_1
1.00	0.20	0.27	0.37	0.45	0.60	0.77

• 문제에서 최저허용전압 1.06V/cell 적용

축전지의 용량 산출

$$C = \frac{1}{L}(K_1 I_1 + K_2 I_2)$$

여기서, C : 축전지의 용량[Ah]
　　　　L : 용량저하율(보수율)
　　　　K : 용량환산시간[h]
　　　　I : 방전전류[A]

$$C = \frac{1}{L}(K_1 I_1 + K_2 I_2 + K_3 I_3) = \frac{1}{0.8} \times (0.85 \times 20 + 0.45 \times 45 + 0.24 \times 70) = 67.562 \fallingdotseq 67.56 \text{Ah}$$

- 이 문제는 I_1 =20A, 30분일 때 K_1값, I_2 =45A, 5분일 때 K_2값, I_3 =70A, 0.1분일 때 K_3값을 구해야 하므로 반드시 아래 [예외규정]의 **축전지용량 산정**을 이용해서 구해야 한다. [중요]의 (2)의 식을 이용해서 구할 수는 없다. 왜냐하면 주어진 표에서 **35분, 35.1분**이 없기 때문이다.

예외규정

시간에 따라 **방전전류**가 **증가**하는 경우

$$C = \frac{1}{L}(K_1 I_1 + K_2 I_2 + K_3 I_3)$$

여기서, C : 축전지의 용량[Ah]
　　　　L : 용량저하율(보수율)
　　　　K : 용량환산시간[h]
　　　　I : 방전전류[A]

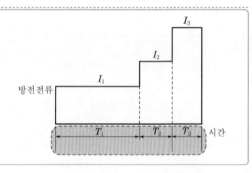

중요

축전지용량 산정

(1) **시간에 따라 방전전류가 감소하는 경우**

① $$C_1 = \frac{1}{L} K_1 I_1$$

② $$C_2 = \frac{1}{L} K_2 I_2$$

③ $$C_3 = \frac{1}{L} K_3 I_3$$

셋 중 큰 값

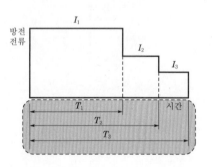

여기서, C : 축전지의 용량[Ah]
　　　　L : 용량저하율(보수율)
　　　　K : 용량환산시간[h]
　　　　I : 방전전류[A]

(2) **시간에 따라 방전전류가 증가하는 경우**

$$C = \frac{1}{L}[K_1 I_1 + K_2 (I_2 - I_1) + K_3 (I_3 - I_2)]$$

여기서, C : 축전지의 용량[Ah]
　　　　L : 용량저하율(보수율)
　　　　K : 용량환산시간[h]
　　　　I : 방전전류[A]

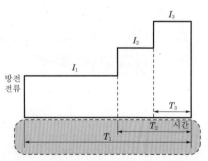

＊출처 : 2016년 건축전기설비 설계기준

(3) **축전지설비**(예비전원설비 설계기준 KDS 31 60 20 : 2021)
① 축전지의 종류 선정은 **축전지**의 **특성, 유지 보수성, 수명, 경제성**과 **설치장소**의 조건 등을 검토하여 선정
② 용량 산정
ㄱ. 축전지의 출력용량 산정시에는 관계 법령에서 정하고 있는 **예비전원 공급용량** 및 **공급시간** 등을 검토하여 용량을 산정
ㄴ. 축전지 출력용량은 부하전류와 사용시간 반영
ㄷ. 축전지는 종류별로 **보수율, 효율, 방전종지전압** 및 기타 필요한 계수 등을 반영하여 용량 산정
③ 축전지에서 부하에 이르는 전로는 **개폐기** 및 **과전류차단기** 시설
④ 축전지설비의 보호장치 등의 시설은 전기설비기술기준(한국전기설비규정) 등에 따른다.

★★

 문제 02

가스누설경보기에 관한 다음 각 물음에 답하시오. (20.11.문10, 08.7.문10)

(가) 가스의 누설을 표시하는 표시등 및 가스가 누설된 경계구역의 위치를 표시하는 표시등은 등이 켜질 때 어떤 색으로 표시되어야 하는가?

득점	배점
	4

○

(나) 가스누설경보기는 구조에 따라 무슨 형과 무슨 형으로 구분하는가?
○ (　　)형, (　　)형

(다) 가스누설경보기 중 가스누설을 검지하여 중계기 또는 수신부에 가스누설의 신호를 발신하는 부분 또는 가스누설을 검지하여 이를 음향으로 경보하고 동시에 중계기 또는 수신부에 가스누설의 신호를 발신하는 부분은 무엇인가?
○

해답 (가) 황색
(나) 단독, 분리
(다) 탐지부

해설 (가) **가스누설경보기**의 **점등색**

누설등(가스누설표시등), 지구등	화재등
황색 질문 (가)	적색

 용어

누설등 vs 지구등

누설등	지구등
가스의 누설을 표시하는 표시등	가스가 누설될 경계구역의 위치를 표시하는 표시등

(나) **가스누설경보기**의 **분류**

구조에 따라 구분		비 고
단독형 질문 (나)	가정용	–
분리형 질문 (나)	영업용	1회로용
	공업용	1회로 이상용

- '**영업용**'을 '**일반용**'으로 답하지 않도록 주의하라. 일반용은 예전에 사용되던 용어로 요즘에는 '**일반용**' 이란 용어를 사용하지 않는다.

> ─ **가스누설경보기의 형식승인 및 제품검사의 기술기준**
> **제3조 경보기의 분류** : 경보기는 구조에 따라 **단독형**과 **분리형**으로 구분하며, 분리형은 **영업용**과 **공업용**으로 구분한다. 이 경우 **영업용**은 **1회로용**으로 하며 **공업용**은 **1회로 이상**의 용도로 한다.

(다)

용 어	설 명
경보기구	가스누설경보기 등 화재의 발생 또는 화재의 발생이 예상되는 상황에 대하여 **경보**를 발하여 주는 설비
지구경보부	가스누설경보기의 수신부로부터 발하여진 신호를 받아 **경보음**을 발하는 것으로서 **경보기**에 **추가**로 **부착**하여 사용되는 부분
탐지부 질문 (다)	가스누설경보기 중 가스누설을 검지하여 **중계기** 또는 **수신부**에 가스누설의 **신호**를 **발신**하는 부분 또는 **가스누설**을 **검지**하여 이를 **음향**으로 **경보**하고 동시에 중계기 또는 수신부에 가스누설의 신호를 발신하는 부분
수신부	가스누설경보기 중 탐지부에서 발하여진 가스누설신호를 **직접** 또는 **중계기**를 통하여 수신하고 이를 관계자에게 **음향**으로서 경보하여 주는 것
부속장치	경보기에 연결하여 사용되는 환풍기 또는 **지구경보부** 등에 **작동신호원**을 공급시켜 주기 위하여 경보기에 부수적으로 설치된 장치

- '**경보기구**'와 '**지구경보부**'를 혼동하지 않도록 주의하라!

 문제 03

> 시각경보기를 설치하여야 하는 특정소방대상물을 3가지 쓰시오.
>
> (19.4.문16, 17.11.문5, 17.6.문4, 16.6.문13, 15.7.문8)
>
>
>
> ○
>
> | 득점 | 배점 |
> |---|---|
> | | 5 |

해답
① 근린생활시설
② 문화 및 집회시설
③ 종교시설

해설
- 시각경보장치의 설치기준을 쓰지 않도록 주의하라! 특정소방대상물과 설치기준은 다르다.

시각경보기를 설치하여야 하는 특정소방대상물(소방시설법 시행령 〔별표 4〕)
(1) 근린생활시설
(2) 문화 및 집회시설
(3) 종교시설
(4) 판매시설
(5) 운수시설
(6) 운동시설
(7) 위락시설
(8) 물류터미널

(9) 의료시설

(10) 노유자시설

(11) 업무시설

(12) 숙박시설

(13) 발전시설 및 장례시설(장례식장)

(14) 도서관

(15) 방송국

(16) 지하상가

비교

청각장애인용 시각경보장치의 **설치기준**(NFPC 203 8조, NFTC 203 2.5.2)

(1) **복도·통로·청각장애인용 객실** 및 공용으로 사용하는 **거실**에 설치하며, 각 부분에서 유효하게 경보를 발할 수 있는 위치에 설치할 것

(2) **공연장·집회장·관람장** 또는 이와 유사한 장소에 설치하는 경우에는 시선이 집중되는 **무대부 부분** 등에 설치할 것

(3) 바닥으로부터 **2~2.5m** 이하의 높이에 설치할 것(단, 천장높이가 **2m 이하**는 천장에서 **0.15m** 이내의 장소에 설치)

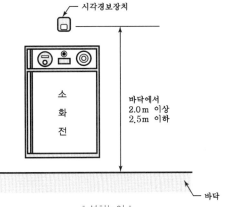

‖ 설치높이 ‖

(4) 광원은 **전용**의 **축전지설비** 또는 **전기저장장치**에 의해 점등되도록 할 것(단, 시각경보기에 작동전원을 공급할 수 있도록 형식승인을 얻은 **수신기**를 설치한 경우는 제외)

★★★

문제 04

피난구유도등에 대한 내용이다. 다음 각 물음에 답하시오.

(21.4.문15, 20.11.문18, 13.7.문13, 12.7.문2, 05.7.문3)

(개) 피난구유도등을 설치해야 되는 장소의 기준 3가지만 쓰시오.

득점	배점
	5

○

○

○

(내) 피난구유도등은 피난구의 바닥으로부터 높이 몇 m 이상의 곳에 설치하여야 하는가?

(대) 피난구유도등 표시면의 색상은?

바탕색   글자색

(   )   (   )

해답 **(가)** ① 직통계단·직통계단의 계단실 및 그 부속실의 출입구
② 출입구에 이르는 복도 또는 통로로 통하는 출입구
③ 안전구획된 거실로 통하는 출입구
(나) 1.5m 이상
(다) ① 바탕색 : 녹색
② 글자색 : 백색

해설 **(가) 피난구유도등**의 **설치장소**(NFPC 303 5조, NFTC 303 2.2.1)

설치장소	도 해
옥내로부터 직접 지상으로 통하는 출입구 및 그 부속실의 출입구	옥외 / 실내
직통계단·직통계단의 **계단실** 및 그 부속실의 출입구	복도 / 계단
출입구에 이르는 **복도** 또는 **통로**로 통하는 출입구	거실 복도
안전구획된 거실로 통하는 출입구	출구 / 방화문

참고

> **피난구유도등** : 피난구 또는 피난경로로 사용되는 **출입구**가 있다는 것을 표시하는 **녹색등화**의 유도등

(나) 설치높이

설치높이	유도등·유도표지
1m 이하	• 복도통로유도등 • 계단통로유도등 • 통로유도표지
1.5m 이상	• 피난구유도등 질문 (나) • 거실통로유도등

(다) 표시면의 색상

통로유도등	피난구유도등
백색바탕에 **녹색문자**	**녹색바탕**에 **백색문자** 질문 (다)

☆☆
문제 05

복도통로유도등의 설치기준을 4가지 쓰시오. (20.10.문12, 18.11.문8)

득점	배점
	8

○

○

○

○

해답 ① 복도에 설치하되 피난구유도등이 설치된 출입구의 맞은편 복도에는 입체형으로 설치하거나, 바닥에 설치
② 구부러진 모퉁이 및 통로유도등을 기점으로 보행거리 20m마다 설치
③ 바닥으로부터 높이 1m 이하의 위치에 설치
④ 바닥에 설치하는 통로유도등은 하중에 따라 파괴되지 않는 강도의 것으로 할 것

해설 **복도통로유도등**의 **설치기준**(NFPC 303 6조, NFTC 303 2.3.1.1)
(1) **복도**에 설치하되 피난구유도등이 설치된 출입구의 맞은편 복도에는 입체형으로 설치하거나, 바닥에 설치할 것
(2) 구부러진 모퉁이 및 통로유도등을 기점으로 **보행거리 20m**마다 설치할 것
(3) 바닥으로부터 높이 **1m 이하**의 위치에 설치할 것(단, 지하층 또는 무창층의 용도가 **도매시장·소매시장·여객자 동차터미널·지하철역사** 또는 **지하상가**인 경우에는 복도·통로 중앙부분의 바닥에 설치할 것)
(4) 바닥에 설치하는 통로유도등은 하중에 따라 파괴되지 않는 강도의 것으로 할 것

※ **복도통로유도등** : 피난통로가 되는 복도에 설치하는 통로유도등으로서 피난구의 방향을 명시하는 것

비교

거실통로유도등의 설치기준	계단통로유도등의 설치기준
① 거실의 통로에 설치할 것(단, 거실의 통로가 **벽체** 등으로 **구획**된 경우에는 **복도통로유도등**을 설치할 것)	① 각 층의 **경사로참** 또는 **계단참**마다(1개층에 경사로 참 또는 계단참이 2 이상 있는 경우에는 2개의 계단참마다) 설치할 것
② 구부러진 모퉁이 및 **보행거리 20m**마다 설치할 것	② 바닥으로부터 높이 **1m 이하**의 위치에 설치할 것
③ 바닥으로부터 높이 **1.5m 이상**의 위치에 설치할 것	

☆☆☆
문제 06

비상콘센트설비의 설치기준에 관해 다음 빈칸을 완성하시오.
(22.5.문8, 19.4.문3, 18.6.문8, 14.4.문8, 08.4.문6)

○하나의 전용회로에 설치하는 비상콘센트는 (①)개 이하로 할 것. 이 경우 전선의 용량은 각 비상콘센트[비상콘센트가 (②)개 이상인 경우에는 (③)개]의 공급용량 을 합한 용량 이상의 것으로 해야 한다.

득점	배점
	5

○전원회로의 배선은 (④)으로, 그 밖의 배선은 (④) 또는 (⑤)으로 할 것

해답 ① 10
② 3
③ 3
④ 내화배선
⑤ 내열배선

해설 (1) 비상콘센트설비

종 류	전 압	공급용량	플러그접속기
단상 교류	220V	1.5kVA 이상	접지형 2극

‖ 접지형 2극 플러그접속기 ‖

(2) 하나의 전용회로에 설치하는 비상콘센트는 **10개** 이하로 할 것(전선의 용량은 **3개** 이상일 때 **3개**) 보기 ① ②

설치하는 비상콘센트 수량	전선의 용량 산정시 적용하는 비상콘센트 수량	전선의 용량
1	1개 이상	1.5kVA 이상
2	2개 이상	3.0kVA 이상
3~10	3개 이상 보기 ③	4.5kVA 이상

(3) 전원회로는 각 층에 있어서 **2 이상**이 되도록 설치할 것(단, 설치하여야 할 층의 콘센트가 **1개**인 때에는 하나의 회로로 할 수 있다.)

(4) 플러그접속기의 칼받이 접지극에는 **접지공사**를 하여야 한다. (감전보호가 목적이므로 **보호접지**를 해야 한다.)

(5) 풀박스는 **1.6mm** 이상의 철판을 사용할 것

(6) 절연저항은 **전원부**와 **외함** 사이를 **직류 500V 절연저항계**로 측정하여 **20M**Ω 이상일 것

(7) 전원으로부터 각 층의 비상콘센트에 분기되는 경우에는 **분기배선용 차단기**를 보호함 안에 설치할 것

(8) 바닥으로부터 **0.8~1.5m** 이하의 높이에 설치할 것

(9) 전원회로는 주배전반에서 **전용회로**로 하며, 배선의 종류는 **내화배선**, 그 밖의 배선은 **내화배선** 또는 **내열배선**일 것 보기 ④ ⑤

전원회로의 배선	그 밖의 배선
내화배선	내화배선 또는 내열배선

※ **풀박스**(pull box) : 배관이 긴 곳 또는 굴곡부분이 많은 곳에서 시공을 용이하게 하기 위하여 배선 도중에 사용하여 전선을 끌어들이기 위한 박스

★★★

문제 **07**

비상콘센트설비의 설치기준에 대한 다음 각 물음에 답하시오.

(20.5.문8, 19.4.문15, 12.7.문12, 12.4.문13, 11.7.문8, 11.5.문1, 10.7.문7)

(개) 비상콘센트설비의 정의를 쓰시오.

ㅇ

득점	배점
	5

(내) 전원회로의 공급용량은 몇 kVA 이상인지 쓰시오.

ㅇ

(대) 플러그접속기의 칼받이 접지극에 하는 접지공사의 종류를 쓰시오.

ㅇ

(래) 220V 전원에 1kW 송풍기를 연결하여 운전하는 경우 회로에 흐르는 전류[A]를 구하시오. (단, 역률은 90%이다.)

ㅇ계산과정 :

ㅇ답 :

해답
(개) 화재시 소화활동 등에 필요한 전원을 전용회선으로 공급하는 설비

(내) 1.5kVA

(대) 보호접지

(래) ○ 계산과정 : $\dfrac{1 \times 10^3}{220 \times 0.9} \fallingdotseq 5.05A$

   ○ 답 : 5.05A

해설 **비상콘센트설비**(NFPC 504 3조, NFTC 504 1.7)

(개) **용어**

용 어	정 의
비상전원	**상용전원**으로부터 전력의 공급이 중단된 때에는 **자동**으로 공급되는 전원
비상콘센트설비	화재시 **소화활동** 등에 필요한 **전원**을 전용회선으로 공급하는 설비 질문 (개)
저압	**직류**는 1.5kV 이하, **교류**는 1kV 이하인 것
고압	**직류**는 1.5kV를, **교류**는 1kV를 초과하고, 7kV **이하**인 것
특고압	7kV를 **초과**하는 것

(내) ① **비상콘센트설비**의 **설치기준**

종 류	전 압	공급용량	플러그접속기
단상 교류	220V	1.5kVA 이상 질문 (내)	접지형 2극

② 하나의 전용회로에 설치하는 비상콘센트는 **10개** 이하로 할 것(전선의 용량은 **3개** 이상일 때 3개)

설치하는 비상콘센트 수량	전선의 용량 산정시 적용하는 비상콘센트 수량	전선의 용량
1	1개 이상	1.5kVA 이상
2	2개 이상	3.0kVA 이상
3~10	3개 이상	4.5kVA 이상

③ 전원회로는 각 층에 있어서 **2 이상**이 되도록 설치할 것(단, 설치하여야 할 층의 콘센트가 **1개**인 때에는 하나의 회로로 할 수 있다.)

④ 플러그접속기의 칼받이 접지극에는 **접지공사**를 하여야 한다. (감전보호가 목적이므로 **보호접지**를 해야 한다.)
   질문 (대)

⑤ 풀박스는 **1.6mm** 이상의 철판을 사용할 것

⑥ 절연저항은 **전원부**와 **외함** 사이를 **직류 500V 절연저항계**로 측정하여 **20M**Ω 이상일 것

⑦ 전원으로부터 각 층의 비상콘센트에 분기되는 경우에는 **분기배선용 차단기**를 보호함 안에 설치할 것

⑧ 바닥으로부터 **0.8~1.5m** 이하의 높이에 설치할 것

⑨ 전원회로는 주배전반에서 **전용회로**로 하며, 배선의 종류는 **내화배선**, 그 밖의 배선은 **내화배선** 또는 **내열배선**일 것

전원회로의 배선	그 밖의 배선
내화배선	내화배선 또는 내열배선

(대)
• 플러그접속기의 칼받이 접지극에는 **감전보호**를 위해 **보호접지**를 해야 한다. 예전에 사용했던 '**제3종 접지공사**'라고 답하면 틀림

칼받이 접지극
(보호접지)

‖ 접지형 2극 플러그접속기 ‖

접지시스템(KEC 140)

접지 대상	접지시스템 구분	접지시스템 시설 종류	접지도체의 단면적 및 종류
특고압 · 고압 설비	**• 계통접지** : 전력계통의 이상 현상에 대비하여 대지와 계통을 접지하는 것	• 단독접지 • 공통접지 • 통합접지	6mm² 이상 연동선
일반적인 경우			구리 6mm² (철제 50mm²) 이상
변압기	**• 보호접지** : 감전보호를 목적으로 기기의 한 점 이상을 접지하는 것 질문 ⑷ **• 피뢰시스템 접지** : 뇌격전류를 안전하게 대지로 방류하기 위해 접지하는 것	**• 변압기 중성점 접지**	16mm² 이상 연동선

⑷ **단상 콘센트**

① **기호**

- V : 220V
- P : 1kW=1×10³W
- I : ?
- $\cos\theta$: 90%=0.9

②
$$P = VI\cos\theta$$

여기서, P : 단상 전력[W]
　　　　　V : 전압[V]
　　　　　I : 전류[A]
　　　　　$\cos\theta$: 역률

전류 I 는

$$I = \frac{P}{V\cos\theta} = \frac{1\times10^3\text{W}}{220\text{V}\times0.9} ≒ 5.05\text{A}$$

- ⑷에서 **220V**로 비상콘센트는 NFPC 504 4조, NFTC 504 2.1.2.1에 의해 **단상 교류**이므로 **단상 교류식** 적용

★★★

 문제 08

유량 5m³/min, 양정 30m인 펌프전동기의 용량[kW]을 계산하시오. (단, 효율 : 0.72, 전달계수 : 1.25)

(22.7.문5, 20.7.문14, 14.11.문12, 11.7.문4, 06.7.문15)

o 계산과정 :

o 답 :

득점	배점
	5

해답 o 계산과정 : $\dfrac{9.8\times1.25\times30\times5}{0.72\times60} = 42.534 ≒ 42.53\text{kW}$

o 답 : 42.53kW

해설 (1) **기호**

- Q : 5m³
- t : 60s(문제에서 유량 5m³/min에서 1min=60s)
- H : 30m
- η : 0.72
- K : 1.25
- P : ?

(2) **전동기의 용량** P는

$$P = \frac{9.8\,KHQ}{\eta t} = \frac{9.8 \times 1.25 \times 30\text{m} \times 5\text{m}^3}{0.72 \times 60\text{s}} = 42.534 ≒ 42.53\text{kW}$$

별해

$$P = \frac{0.163\,KHQ}{\eta} = \frac{0.163 \times 1.25 \times 30\text{m} \times 5\text{m}^3/\text{min}}{0.72} = 42.447 ≒ 42.45\text{kW}$$

- **별해**와 같이 계산해도 정답! 소수점 차이가 나지만 이것도 정답!

중요

(1) **전동기의 용량을 구하는 식**

① 일반적인 설비 : **물** 사용설비

t(시간)[s]	t(시간)[min]	비중량이 주어진 경우 적용
$$P = \frac{9.8\,KHQ}{\eta t}$$	$$P = \frac{0.163\,KHQ}{\eta}$$	$$P = \frac{\gamma HQ}{1000\eta}K$$
여기서, P : 전동기용량[kW] η : 효율 t : 시간[s] K : 여유계수(전달계수) H : 전양정[m] Q : 양수량(유량)[m³]	여기서, P : 전동기용량[kW] η : 효율 H : 전양정[m] Q : 양수량(유량)[m³/min] K : 여유계수(전달계수)	여기서, P : 전동기용량[kW] η : 효율 γ : 비중량(물의 비중량 9800N/m³) H : 전양정[m] Q : 양수량(유량)[m³/s] K : 여유계수

② 제연설비(배연설비) : **공기** 또는 **기류** 사용설비

$$P = \frac{P_T\,Q}{102 \times 60\eta}K$$

여기서, P : 배연기(전동기) (소요)동력[kW]
P_T : 전압(풍압)[mmAq, mmH₂O]
Q : 풍량[m³/min]
K : 여유율(여유계수, 전달계수)
η : 효율

주의

제연설비(배연설비)의 전동기 소요동력은 반드시 위의 식을 적용하여야 한다. 주의! 또 주의!

(2) **아주 중요한 단위환산**(꼭! 기억하시라!)

① 1mmAq=10^{-3}mH₂O=10^{-3}m

② 760mmHg=10.332mH₂O=10.332m

③ 1Lpm=10^{-3}m³/min

④ 1HP=0.746kW

★★
문제 09

자동화재탐지설비의 P형 수신기와 R형 수신기의 기능을 각각 2가지씩 쓰시오. (20.11.문2, 19.11.문15)

P형 수신기의 기능	R형 수신기의 기능	득점	배점
○ ○	○ ○		4

해답

P형 수신기의 기능	R형 수신기의 기능
① 화재표시 작동시험장치 ② 예비전원 양부시험장치	① 화재표시 작동시험장치 ② 예비전원 양부시험장치

해설

- 멋지게 답을 쓰고 싶은 사람은 P형 수신기와 R형 수신기의 기능을 해설에서 각각 다른 것으로 써도 괜찮다 (단, 점수를 더 주지는 않는다). 그러나 P형과 R형 수신기의 기능을 서로 같게 써도 정답!

수신기

P형 수신기의 기능	R형 수신기의 기능
① 화재표시 작동시험장치 ② 수신기와 감지기 사이의 도통시험장치 ③ 상용전원과 예비전원의 자동절환장치 ④ 예비전원 양부시험장치 ⑤ 기록장치	① 화재표시 작동시험장치 ② 수신기와 중계기 사이의 단선·단락·도통시험장치 ③ 상용전원과 예비전원의 자동절환장치 ④ 예비전원 양부시험장치 ⑤ 기록장치 ⑥ 지구등 또는 적당한 표시장치

중요

(1) P형 수신기와 R형 수신기의 비교

구 분	P형 수신기	R형 수신기
시스템의 구성	P형 수신기	중계기 R형 수신기
신호전송방식 (신호전달방식)	1 : 1 접점방식	다중전송방식
신호의 종류	공통신호	고유신호
화재표시기구	램프(lamp)	액정표시장치(LCD)
자기진단기능	없다.	있다.
선로수	많이 필요하다.	적게 필요하다.
기기 비용	적게 소요된다.	많이 소요된다.
배관배선공사	선로수가 많이 소요되므로 복잡하다.	선로수가 적게 소요되므로 간단하다.
유지관리	선로수가 많고 수신기에 자기진단기능이 없으므로 어렵다.	선로수가 적고 자기진단기능에 의해 고장발생을 자동으로 경보·표시하므로 쉽다.
수신반 가격	기능이 단순하므로 가격이 싸다.	효율적인 감지·제어를 위해 여러 기능이 추가되어 있어서 가격이 비싸다.
화재표시방식	창구식, 지도식	창구식, 지도식, CRT식, 디지털식
수신 소요시간	**5초** 이내(축적형 60초 이내)	**5초** 이내(축적형 60초 이내)

- 1 : 1 접점방식=개별신호방식=공통신호방식
- 다중전송방식=다중전송신호방식=다중통신방식=고유신호방식

(2) P형 수신기에 비해 R형 수신기의 특징
① **선로수**가 적어 경제적이다.
② **선로길이**를 길게 할 수 있다.
③ **증설** 또는 **이설**이 비교적 쉽다.
④ **화재발생지구**를 선명하게 숫자로 표시할 수 있다.
⑤ **신호**의 **전달**이 확실하다.

★★★
문제 10

다음 각 물음에 답하시오.   (22.11.문18, 19.11.문5, 16.11.문6, 14.11.문9)

(가) 그림과 같이 차동식 스포트형 감지기 A, B, C, D가 있다. 배선을 전부 송배선식

득점	배점
	5

으로 할 경우 박스와 감지기 "C" 사이의 배선 가닥수는 몇 가닥인가? (단, 배선상의 유효한 조치를 하고, 전화선은 삭제한다.)

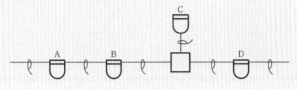

○

(나) 차동식 분포형 감지기의 공기관의 재질을 쓰시오.

○

해답 (가) 4가닥
(나) 중공동관

해설 (가) **송배선식**(보내기 배선) : 외부 배선의 도통시험을 용이하게 하기 위해 배선의 도중에서 분기하지 않는 방식

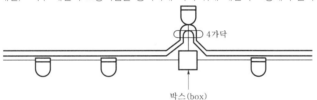

4가닥

박스(box)

중요

송배선식과 **교차회로방식**

구 분	송배선식	교차회로방식
목적	**감지기회로**의 **도통시험**을 용이하게 하기 위하여	감지기의 **오동작** 방지
원리	배선의 도중에서 분기하지 않는 방식	하나의 담당구역 내에 **2 이상**의 **감지기회로**를 설치하고 **2 이상**의 **감지기회로**가 **동시**에 **감지**되는 때에 설비가 작동하는 방식으로 회로방식이 **AND 회로**에 해당된다.
적용 설비	• 자동화재탐지설비 • 제연설비	• **분**말소화설비 • **할**론소화설비 • **이**산화탄소 소화설비 • **준**비작동식 스프링클러설비 • **일**제살수식 스프링클러설비 • **할**로겐화합물 및 불활성기체 소화설비 • **부**압식 스프링클러설비 기억법 분할이 준일할부
가닥수 산정	종단저항을 수동발신기함 내에 설치하는 경우 **루프**(loop)된 곳은 **2가닥**, 기타 **4가닥**이 된다. 질문 (가) 수동발신기함 ─ ○ ─ 루프(loop) ∥송배선식∥	**말단**과 **루프**(loop)된 곳은 **4가닥**, 기타 **8가닥**이 된다. 말단 수동발신기함 ─ ○ ─ 루프(loop) ∥교차회로방식∥

- (나)에서 '동관'이라고 답해도 좋지만 정확하게 '중공동관'이라고 답하도록 하자!(재질을 물어보았으므로 "동관"이라고 써도 답은 맞다. '구리'도 정답) 질문 (나)

🌱 **용어**

중공동관
가운데가 비어 있는 구리관

☞ **중요**

공기관식 차동식 분포형 감지기의 설치기준

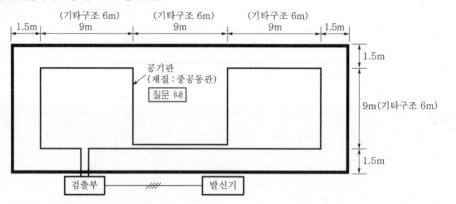

(1) 노출부분은 감지구역마다 **20m** 이상이 되도록 할 것
(2) 각 변과의 수평거리는 **1.5m** 이하가 되도록 하고, 공기관 상호간의 거리는 6m(내화구조는 9m) 이하가 되도록 할 것
(3) 공기관(재질 : 중공동관)은 **도중**에서 분기하지 아니하도록 할 것
(4) 하나의 검출부분에 접속하는 공기관의 길이는 **100m** 이하로 할 것
(5) 검출부는 5° 이상 경사되지 아니하도록 부착할 것
(6) 검출부는 바닥에서 **0.8~1.5m** 이하의 위치에 설치할 것

- 경사제한각도

차동식 분포형 감지기	스포트형 감지기
5° 이상	45° 이상

⭐

🏷️ **문제 11**

다음은 비상조명등의 설치기준에 관한 사항이다. 다음 (   ) 안을 완성하시오. (22.7.문18, 19.11.문16)

득점	배점
	5

○예비전원을 내장하는 비상조명등에는 평상시 점등 여부를 확인할 수 있는 (①)를 설치하고 해당 조명등을 유효하게 작동시킬 수 있는 용량의 (②)와 (③)를 내장할 것

○비상전원은 비상조명등을 (④)분 이상 유효하게 작동시킬 수 있는 용량으로 할 것. 다만, 다음의 특정소방대상물의 경우에는 그 부분에서 피난층에 이르는 부분의 비상조명등을 (⑤)분 이상 유효하게 작동시킬 수 있는 용량으로 하여야 한다.
 - 지하층을 제외한 층수가 11층 이상의 층
 - 지하층 또는 무창층으로서 용도가 도매시장·소매시장·여객자동차터미널·지하역사 또는 지하상가

해답
① 점검스위치
② 축전지설비
③ 예비전원 충전장치
④ 20
⑤ 60

해설

• ② "축전지"라고 하면 틀릴 수 있다. "축전지설비"가 정답!

비상조명등의 **설치기준**(NFPC 304 4조, NFTC 304 2.1)
(1) 예비전원을 내장하는 비상조명등에는 평상시 점등 여부를 확인할 수 있는 **점검스위치**를 설치하고 해당 조명등을 유효하게 작동시킬 수 있는 용량의 **축전지**와 **예비전원 충전장치**를 내장할 것 보기 ① ② ③
(2) 예비전원을 내장하지 아니하는 비상조명등의 비상전원은 자가발전설비, **축전지설비** 또는 **전기저장장치**(외부 전기에너지를 저장해 두었다가 필요한 때 전기를 공급하는 장치)를 기준에 따라 설치하여야 한다.
(3) 비상전원은 비상조명등을 **20분** 이상 유효하게 작동시킬 수 있는 용량으로 할 것. 단, 다음의 특정소방대상물의 경우에는 그 부분에서 피난층에 이르는 부분의 비상조명등을 **60분** 이상 유효하게 작동시킬 수 있는 용량으로 하여야 한다. 보기 ④ ⑤
① 지하층을 제외한 층수가 11층 이상의 층
② 지하층 또는 무창층으로서 용도가 도매시장·소매시장·여객자동차터미널·지하역사 또는 지하상가

 중요

각 설비의 **비상전원 종류** 및 **용량**

설 비	비상전원	비상전원용량
• 자동화재**탐**지설비	• **축**전지설비 • 전기저장장치	• **10분** 이상(30층 미만) • **30분** 이상(30층 이상)
• 비상**방**송설비	• 축전지설비 • 전기저장장치	
• 비상**경**보설비	• 축전지설비 • 전기저장장치	• **10분** 이상
• **유**도등	• 축전지설비	• **20분** 이상 ※ 예외규정 : **60분** 이상 (1) **11층** 이상(지하층 제외) (2) 지하층·무창층으로서 **도매시장·소매시장·여객자동차터미널·지하철역사·지하상가**
• **무**선통신보조설비	명시하지 않음	• **30분** 이상 기억법 탐경유방무축
• 비상콘센트설비	• 자가발전설비 • 축전지설비 • 비상전원수전설비 • 전기저장장치	• **20분** 이상
• **스**프링클러설비 • **미**분무소화설비	• **자**가발전설비 • **축**전지설비 • **전**기저장장치 • 비상전원**수**전설비(차고·주차장으로서 스프링클러설비(또는 미분무소화설비)가 설치된 부분의 바닥면적 합계가 1000m² 미만인 경우)	• **20분** 이상(30층 미만) • **40분** 이상(30~49층 이하) • **60분** 이상(50층 이상) 기억법 스미자 수전축

• 포소화설비	• 자가발전설비
	• 축전지설비
	• 전기저장장치
	• 비상전원수전설비
	  – 호스릴포소화설비 또는 포소화전만을 설치한 차고·주차장
	  – 포헤드설비 또는 고정포방출설비가 설치된 부분의 바닥면적(스프링클러설비가 설치된 차고·주차장의 바닥면적 포함)의 합계가 $1000m^2$ 미만인 것
		• **20분** 이상

• **간**이스프링클러설비	• 비상전원**수**전설비	• **10분**(숙박시설 바닥면적 합계 300~600m^2 미만, 근린생활시설 바닥면적 합계 1000m^2 이상, 복합건축물 연면적 1000m^2 이상은 **20분**) 이상 `기억법` 간수
• 옥내소화전설비 • 연결송수관설비 • 특별피난계단의 계단실 및 부속실 제연설비	• 자가발전설비 • 축전지설비 • 전기저장장치	• **20분** 이상(30층 미만) • **40분** 이상(30~49층 이하) • **60분** 이상(50층 이상)
• 제연설비 • 분말소화설비 • 이산화탄소 소화설비 • 물분무소화설비 • 할론소화설비 • 할로겐화합물 및 불활성기체 소화설비 • 화재조기진압용 스프링클러설비	• 자가발전설비 • 축전지설비 • 전기저장장치	• **20분** 이상
• 비상조명등	• 자가발전설비 • 축전지설비 • 전기저장장치	• **20분** 이상 ※ 예외규정: **60분** 이상 (1) **11층** 이상(지하층 제외) (2) 지하층·무창층으로서 **도매시장·소매시장·여객자동차터미널·지하철역사·지하상가**
• 시각경보장치	• 축전지설비 • 전기저장장치	명시하지 않음

★★

문제 12

다음에서 설명하는 감지기의 명칭을 쓰시오. (16.11.문14, 10.4.문8)

득점	배점
	5

(가) 비화재보 방지가 주목적으로 감지원리는 동일하나 성능, 종별, 공칭작동온도, 공칭축적시간이 다른 감지소자의 조합으로 된 것이며, 1개의 감지기 내에 서로 다른 종별 또는 감도 등의 기능을 갖춘 것으로서 일정 시간 간격을 두고 각각 다른 2개 이상의 화재신호를 발하는 감지기

  ○

(나) 주위의 온도 또는 연기의 양의 변화에 따라 각각 다른 전류치 또는 전압치 등의 출력을 발하는 방식의 감지기

  ○

해답 (가) 다신호식 감지기
   (나) 아날로그식 감지기

해설 (1) 감지기

종 류	설 명
다신호식 감지기 질문 ㈎	① 일정 시간 간격을 두고 각각 다른 **2개 이상**의 **화재신호**를 발한다. ② 감지원리는 동일하나 성능, 종별, 공칭작동온도, 공칭축적시간이 다른 감지소자의 조합 ③ 다신호식 감지기로부터 신호를 받기 위해 **다신호 수신기** 사용 ④ 넓은 의미로는 복합형 감자기도 다신호식 감지기의 일종 ⑤ **비화재보 방지**가 주목적
아날로그식 감지기 질문 ㈏	주위의 **온도** 또는 **연기량**의 변화에 따라 각각 다른 **전류치** 또는 **전압치** 등의 출력을 발한다.
축적형 감지기	① 일정 농도 이상의 **연기**가 **일정 시간 연속**하는 것을 전기적으로 검출함으로써 **작동**하는 감지기이다. ② 비화재보를 방지하기 위해 감지기에 **지연회로** 또는 **축적회로**를 설치하여 일정 이상의 온도, 연기가 계속될 때 수신기에 화재신호를 발하는 장치 ③ 감지기 주위의 **온도, 연기**가 작동상태에 이르면 곧바로 동작하지 않고 **공칭축적시간** 동안 기다렸다가 수신기에 화재신호를 발하는 장치
재용형 감지기	**다시 사용**할 수 있는 성능을 가진 감지기

(2) **복합형 감지기**

종 류	설 명
열복합형 감지기	**차동식+정온식**의 성능이 있는 것으로 두 가지 기능이 동시에 작동되면 신호를 발한다.
연기복합형 감지기	**이온화식+광전식**의 성능이 있는 것으로 두 가지 기능이 동시에 작동되면 신호를 발한다.
열연복합형 감지기	**열감지기+연기감지기**의 성능이 있는 것으로 두 가지 기능이 동시에 작동되면 신호를 발한다.
불꽃복합형 감지기	**불꽃자외선식+불꽃적외선식**의 성능이 있는 것으로 두 가지 기능이 동시에 작동되면 신호를 발한다.

(3) **일반 감지기**

종 류	설 명
차동식 스포트형 감지기	주위온도가 일정 상승률 이상될 때 작동하는 것으로 **일국소에서의 열효과**에 의하여 작동하는 것
정온식 스포트형 감지기	일국소의 주위온도가 일정 온도 이상될 때 작동하는 것으로 **외관이 전선이 아닌 것**
보상식 스포트형 감지기	**차동식 스포트형+정온식 스포트형의 성능을 겸**한 것으로 둘 중 한 기능이 작동되면 신호를 발하는 것

★★★
문제 13

비상경보설비 및 단독경보형 감지기, 비상방송설비의 설치기준에 관한 다음 각 물음에 답하시오.

(22.5.문6, 21.7.문9, 20.10.문6, 14.7.문5, 09.10.문5)

㈎ 비상벨설비 또는 자동식 사이렌설비의 설치높이[m]를 쓰시오.

득점	배점
	8

  ○

㈏ 단독경보형 감지기의 설치장소의 면적이 $600m^2$일 때 감지기 개수를 구하시오.

  ○계산과정 :

  ○답 :

㈐ 비상방송설비에서 증폭기의 정의를 쓰시오.

  ○

㈑ 비상방송설비에서 층수가 지하 2층, 지상 7층인 건물에서 5층의 배선이 단락되어도 화재통보에 지장이 없어야 하는 층은 몇 층인지 모두 쓰시오. (단, 각 층에 배선상 유효한 조치를 하였다.)

  ○

해답 (가) 바닥에서 0.8m 이상 1.5m 이하

(나) ○계산과정 : $\frac{600}{150} = 4$개

　　○답 : 4개

(다) 전압·전류의 진폭을 늘려 감도를 좋게 하고 미약한 음성전류를 커다란 음성전류로 변화시켜 소리를 크게 하는 장치

(라) 지하 1~2층, 지상 1~4층, 지상 6~7층

해설 (가)

> ● "**바닥에서**" 또는 "**바닥으로부터**"라는 말까지 반드시 써야 정답!

설치높이

기 기	설치높이
기타기기	바닥에서 **0.8~1.5m** 이하 　질문 (가)
시각경보장치	바닥에서 **2~2.5m** 이하 (단, 천장높이가 2m 이하는 **천장**에서 **0.15m** 이내)

(나) 단독경보형 감지기는 특정소방대상물의 각 실마다 설치하되, 바닥면적이 **150m²**를 초과하는 경우에는 **150m²**마다 1개 이상 설치하여야 한다.

> 단독경보형 감지기개수 = $\frac{\text{바닥면적[m}^2\text{]}}{150}$ (절상) = $\frac{600m^2}{150} = 4$개

중요

(1) **단독경보형 감지기**의 **설치기준**(NFPC 201 5조, NFTC 201 2.2.1)

　① 각 실(이웃하는 실내의 바닥면적이 각각 **30m² 미만**이고, 벽체 상부의 전부 또는 일부가 개방되어 이웃하는 실내와 공기가 상호 유통되는 경우에는 이를 **1개**의 실로 본다.)마다 설치하되, 바닥면적 **150m²**를 초과하는 경우에는 **150m²**마다 1개 이상을 설치할 것

　② 최상층의 계단실의 천장(**외기**가 **상통**하는 **계단실**의 경우 제외)에 설치할 것

　③ 건전지를 주전원으로 사용하는 단독경보형 감지기는 정상적인 **작동상태**를 유지할 수 있도록 **건전지**를 교환할 것

　④ 상용전원을 주전원으로 사용하는 단독경보형 감지기의 **2차 전지**는 제품검사에 합격한 것을 사용할 것

(2) **단독경보형 감지기**의 **구성**

　① 시험버튼

　② 음향장치

　③ 작동표시장치

‖단독경보형 감지기‖

(다) **비상방송설비 용어**

용 어	정 의
확성기	소리를 크게 하여 멀리까지 전달될 수 있도록 하는 장치로서 일명 **스피커**
음량조절기	**가변저항**을 이용하여 **전류**를 **변화**시켜 음량을 크게 하거나 작게 조절할 수 있는 장치
증폭기	전압·전류의 **진폭**을 늘려 감도를 좋게 하고 미약한 음성전류를 커다란 **음성전류**로 변화시켜 **소리**를 **크게** 하는 장치 　질문 (다)

(라)

> ● 단락된 5층을 빼고 모든 층을 적으면 정답! 　질문 (라)

중요

비상방송설비 3선식 실제배선(5층, 음량조정기가 1개인 경우)

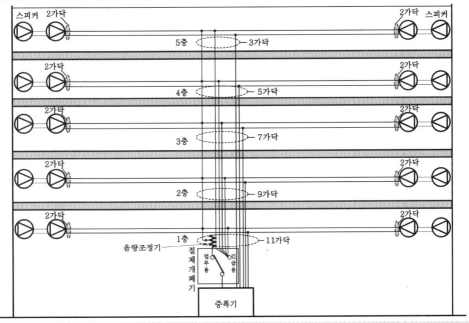

- 3선식 배선의 가닥수 쉽게 산정하는 방법 : 가닥수=(층수×2)+1
- 비상방송설비는 자동화재탐지설비와 달리 층마다 공통선과 긴급용 배선이 1가닥씩 늘어난다는 것을 특히 주의하라! 업무용 배선은 병렬연결로 층마다 늘어나지 않고 1가닥이면 된다.
- 공통선이 늘어나는 이유는 비상방송설비의 화재안전기준(NFPC 202 5조 1호, NFTC 202 2.2.1.1)에 "화재로 인하여 하나의 층의 확성기 또는 배선이 단락 또는 단선되어도 다른 층의 화재통보에 지장이 없도록 할 것"으로 되어 있기 때문이다. 많은 타출판사에서 답을 잘못 제시하고 있다. 주의!
- 공통선을 층마다 추가하기 때문에 공통선이 아니라고 말하는 사람이 있다. 그렇지 않다. 공통선은 증폭기에서 층마다 1가닥씩 올라가지만 증폭기에서는 공통선이 하나의 단자에 연결되므로 **공통선**이라고 부르는 것이 맞다.
- 긴급용 배선=긴급용=비상용=비상용 배선
- 업무용 배선=업무용
- 음량조절기=음량조정기

★★★
문제 14

예비전원설비에 대한 다음 각 물음에 답하시오.

(20.7.문6, 19.4.문11, 15.7.문6, 15.4.문14, 12.7.문6, 10.4.문9, 08.7.문8)

(개) 축전지의 과방전 또는 방치상태에서 기능회복을 위하여 실시하는 충전방식은 무엇인지 다음 보기에서 고르시오.

득점	배점
	6

　〔보기〕　│균등충전│　│부동충전│　│세류충전│　│회복충전│

(내) 부동충전방식에 대한 회로(개략도)를 그리시오.

(대) 연축전지의 정격용량은 250Ah이고, 상시부하가 8kW이며 표준전압이 100V인 부동충전방식의 충전기 2차 충전전류는 몇 A인지 구하시오. (단, 축전지의 방전율은 10시간율로 한다.)

○계산과정 :

○답 :

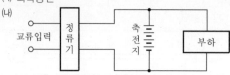

해답 **(개)** 회복충전

(내)

교류입력 — 정류기 — 축전지 — 부하

(대) ○ 계산과정 : $\dfrac{250}{10} + \dfrac{8 \times 10^3}{100} = 105\text{A}$

○ 답 : 105A

해설

• [보기]에서 골라서 답을 쓰면 되므로 "**회복충전**"이 정답. 문제에서도 "**기능회복**"이라는 말이 있으므로 회복 충전이라는 것을 쉽게 알 수 있다.

(개), (내) 충전방식

구 분	설 명
보통충전방식	필요할 때마다 표준시간율로 충전하는 방식
급속충전방식	보통 충전전류의 **2배**의 **전류**로 충전하는 방식
부동충전방식	① 전지의 자기방전을 보충함과 동시에 상용부하에 대한 전력공급은 충전기가 부담하되, 부담하기 어려운 일시적인 대전류부하는 축전지가 부담하도록 하는 방식으로 **가장 많이 사용**된다. ② 축전지와 부하를 충전기(정류기)에 병렬로 접속하여 충전과 방전을 동시에 행하는 방식이다. ③ 표준부동전압 : **2.15~2.17V** 교류입력 — 정류기 — 축전지 — 부하 ‖ 부동충전방식 ‖ • 교류입력=교류전원=교류전압 • 정류기=정류부=충전기(충전지는 아님)
균등충전방식	① 각 축전지의 전위차를 보정하기 위해 1~3개월마다 10~12시간 1회 충전하는 방식이다. ② 균등충전전압 : **2.4~2.5V**
세류충전 (트리클충전) 방식	**자기방전량**만 항상 **충전**하는 방식
회복충전방식	축전지의 과방전 및 방치상태, 가벼운 설페이션현상 등이 생겼을 때 기능회복을 위하여 실시하는 충전방식 질문 **(개)** • **설페이션**(sulfation) : 충전이 부족할 때 축전지의 극판에 백색 황색연이 생기는 현상

(대) ① **기호**

• 정격용량 : 250Ah
• 상시부하 : 8kW=8×10^3W
• 표준전압 : 100V
• 공칭용량(축전지의 방전율) : 10시간율=10Ah

② 2차 충전전류 = $\dfrac{\text{축전지의 }\textbf{정}\text{격용량}}{\text{축전지의 }\textbf{공}\text{칭용량}} + \dfrac{\textbf{상}\text{시부하}}{\textbf{표}\text{준전압}} = \dfrac{250\text{Ah}}{10\text{Ah}} + \dfrac{8 \times 10^3 \text{W}}{100\text{V}} = 105\text{A}$

기억법 **정공상표**

 비교

충전기 2차 출력=표준전압×2차 충전전류

📢 중요

연축전지와 **알칼리축전지**의 비교

구 분	연축전지	알칼리축전지
기전력	2.05~2.08V	1.32V
공칭전압	2.0V	1.2V
공칭용량	10Ah	5Ah
충전시간	길다.	짧다.
수명	5~15년	15~20년
종류	클래드식, 페이스트식	소결식, 포켓식

★★★
문제 15

비상방송설비의 설치기준에 관한 다음 각 물음에 답하시오.

(22.7.문4, 21.7.문2, 19.6.문10, 18.11.문3, 14.4.문9, 12.11.문6, 11.5.문6)

(개) 음량조절기의 정의를 쓰시오.

득점	배점
	5

　○

(내) 확성기는 각 층마다 설치하되, 그 층의 각 부분으로부터 하나의 확성기까지 수평거리는 몇 m 이하로 해야 하는가?

　○

(대) 음량조정기를 설치하는 경우 음량조정기의 배선은 몇 선식으로 해야 하는가?

　○

(래) 확성기의 음성입력은 실내에 설치하는 것에 있어서는 몇 W 이상으로 설치해야 하는가?

　○

(매) 기동장치에 따른 화재신고를 수신한 후 필요한 음량으로 화재발생 상황 및 피난에 유효한 방송이 자동으로 개시될 때까지의 소요시간은 몇 초 이하로 하여야 하는가?

　○

 해답
(개) 가변저항을 이용하여 전류를 변화시켜 음량을 크게 하거나 작게 조절할 수 있는 장치
(내) 25m
(대) 3선식
(래) 1W
(매) 10초

해설

- 음량조절기=음량조정기
- 비상방송설비의 화재안전기준에서는 음량조절기와 음량조정기를 현재 혼용해서 사용하고 있다. 둘 다 같은 말이다.

(개) **비상방송설비 용어**

용 어	정 의
확성기	소리를 크게 하여 멀리까지 전달될 수 있도록 하는 장치로서 일명 **스피커**
음량조절기	**가변저항**을 이용하여 **전류**를 **변화**시켜 음량을 크게 하거나 작게 조절할 수 있는 장치 질문 (개)
증폭기	전압·전류의 **진폭**을 늘려 감도를 좋게 하고 미약한 음성전류를 커다란 **음성전류**로 변화시켜 소리를 크게 하는 장치

(내)~(매) **비상방송설비**의 **설치기준**(NFPC 202 4조, NFTC 202 2.1.1)
① 확성기의 음성입력은 **3W**(실내는 **1W**) 이상일 것 질문 (래)
② 음량조정기의 배선은 **3선식**으로 할 것 질문 (대)
③ 기동장치에 의한 **화재신고**를 수신한 후 필요한 음량으로 방송이 개시될 때까지의 소요시간은 **10초** 이하로 할 것 질문 (매)

┃ 소요시간 ┃

기 기	시 간
P형 · P형 복합식 · R형 · R형 복합식 · GP형 · GP형 복합식 · GR형 · GR형 복합식	5초 이내(축적형 60초 이내)
중계기	**5**초 이내
비상방송설비	**10초** 이하 질문 (매)
가스누설경보기	**60**초 이내

기억법 시중5(**시중**을 **드**시**오**!), 6가(**육**체미**가** 뛰어나다.)

④ 조작부의 조작스위치는 바닥으로부터 **0.8~1.5m** 이하의 높이에 설치할 것
⑤ 다른 전기회로에 의하여 **유도장애**가 생기지 아니하도록 할 것
⑥ 확성기는 **각 층**마다 설치하되, 각 부분으로부터의 수평거리는 **25m** 이하일 것 질문 (나)
⑦ **2층 이상**의 층에서 발화한 때에는 그 **발화층** 및 그 **직상 4개층**에, **1층**에서 발화한 때에는 **발화층**, 그 **직상 4개층** 및 **지하층**에, **지하층**에서 발화한 때에는 **발화층**, 그 **직상층** 및 **기타의 지하층**에 우선적으로 경보를 발할 수 있도록 하여야 한다.
⑧ **발화층** 및 **직상 4개층 우선경보방식 적용대상물**
　11층(공동주택 **16층**) 이상의 특정소방대상물의 경보

┃ 비상방송설비 음향장치의 경보 ┃

발화층	경보층	
	11층(공동주택 16층) 미만	11층(공동주택 16층) 이상
2층 이상 발화	전층 일제경보	• 발화층 • 직상 4개층
1층 발화		• 발화층 • 직상 4개층 • 지하층
지하층 발화		• 발화층 • 직상층 • 기타의 지하층

★★★
문제 16

무선통신보조설비의 설치기준에 관한 다음 물음에 답을 쓰시오.　(20.11.문4, 15.4.문11, 13.7.문12)

(가) 누설동축케이블의 끝부분에는 무엇을 견고하게 설치하여야 하는가?

득점	배점
	8

　○

(나) 누설동축케이블은 화재에 의하여 해당 케이블의 피복이 소실될 경우에 케이블 본체가 떨어지지 않도록 하기 위하여 몇 m 이내마다 금속제 또는 자기제 등의 지지금구로 고정시켜야 하는가?

　○

(다) 누설동축케이블 및 안테나는 고압의 전로로부터 몇 m 이상 떨어진 위치에 설치해야 하는가? (단, 해당 전로에 정전기차폐장치를 설치하지 않았다.)

　○

(라) 증폭기의 전면에는 주회로의 전원이 정상인지의 여부를 표시할 수 있는 것으로서 무엇을 설치하여야 하는가?

　○ (　　), (　　)

 (가) 무반사 종단저항
　(나) 4m
　(다) 1.5m
　(라) 표시등, 전압계

해설 **무선통신보조설비**의 설치기준
(1) **누설동축케이블 등**
① 누설동축케이블 및 동축케이블은 **불연** 또는 **난연성**의 것으로서 습기에 따라 전기의 특성이 변질되지 아니하는 것으로 할 것
② 누설동축케이블 및 안테나는 **금속판** 등에 의하여 **전파의 복사** 또는 **특성**이 현저하게 저하되지 아니하는 위치에 설치할 것
③ **누설동축케이블**과 이에 접속하는 **안테나** 또는 **동축케이블**과 이에 접속하는 **안테나**일 것
④ 누설동축케이블 및 동축케이블은 화재에 따라 해당 케이블의 피복이 소실된 경우에 케이블 본체가 떨어지지 아니하도록 **4m** 이내마다 금속제 또는 자기제 등의 지지금구로 벽·천장·기둥 등에 견고하게 고정시킬 것(단, 불연재료로 구획된 반자 안에 설치하는 경우 제외) [질문 (나)]
⑤ 누설동축케이블 및 안테나는 고압전로로부터 **1.5m** 이상 떨어진 위치에 설치할 것(해당 전로에 **정전기차폐장치**를 유효하게 설치한 경우에는 제외) [질문 (다)]
⑥ 누설동축케이블의 끝부분에는 **무반사 종단저항**을 설치할 것 [질문 (가)]
⑦ 누설동축케이블, 동축케이블, 분배기, 분기기, 혼합기 등의 임피던스는 **50Ω**으로 할 것
⑧ 증폭기의 전면에는 주회로의 전원이 정상인지의 여부를 표시할 수 있는 **표시등** 및 **전압계**를 설치할 것 [질문 (라)]
⑨ 증폭기의 전원은 전기가 정상적으로 공급되는 **축전지설비, 전기저장장치** 또는 **교류전압 옥내간선**으로 하고, 전원까지의 배선은 **전용**으로 할 것
⑩ **비상전원 용량**

설비	비상전원의 용량
• 자동화재탐지설비 • 비상경보설비 • 자동화재속보설비	**10분** 이상
• 유도등 • 비상조명등 • 비상콘센트설비	**20분** 이상
• 포소화설비 • 옥내소화전설비(30층 미만) • 제연설비, 물분무소화설비, 특별피난계단의 계단실 및 부속실 제연설비(30층 미만) • 스프링클러설비(30층 미만) • 연결송수관설비(30층 미만)	**20분** 이상
• 무선통신보조설비의 증폭기	**30분** 이상
• 옥내소화전설비(30~49층 이하) • 특별피난계단의 계단실 및 부속실 제연설비(30~49층 이하) • 연결송수관설비(30~49층 이하) • 스프링클러설비(30~49층 이하)	**40분** 이상
• 유도등·비상조명등(지하상가 및 11층 이상) • 옥내소화전설비(50층 이상) • 특별피난계단의 계단실 및 부속실 제연설비(50층 이상) • 연결송수관설비(50층 이상) • 스프링클러설비(50층 이상)	**60분** 이상

(2) **옥외안테나**
① **건축물, 지하가, 터널** 또는 **공동구**의 **출입구** 빛 출입구 인근에서 통신이 가능한 장소에 설치할 것
② 다른 용도로 사용되는 안테나로 인한 **통신장애**가 발생하지 않도록 설치할 것
③ 옥외안테나는 견고하게 설치하며 파손의 우려가 없는 곳에 설치하고 그 가까운 곳의 보기 쉬운 곳에 "**무선통신보조설비 안테나**"라는 표시와 함께 **통신가능거리**를 표시한 표지를 설치할 것
④ 수신기가 설치된 장소 등 사람이 상시 근무하는 장소에는 옥외안테나의 위치가 모두 표시된 **옥외안테나 위치표시도**를 비치할 것

용어

(1) 누설동축케이블과 동축케이블

누설동축케이블	동축케이블
동축케이블의 외부도체에 가느다란 홈을 만들어서 **전파가 외부로 새어나갈 수 있도록** 한 케이블	유도장애를 방지하기 위해 전파가 누설되지 않도록 만든 케이블

(2) 종단저항과 무반사 종단저항

종단저항	무반사 종단저항
감지기회로의 **도통시험**을 용이하게 하기 위하여 **감지기회로의 끝**부분에 설치하는 저항	전송로로 전송되는 전자파가 전송로의 종단에서 반사되어 교신을 방해하는 것을 막기 위해 **누설동축케이블의 끝**부분에 설치하는 저항

★★★ **문제 17**

다음은 자동화재탐지설비의 P형 수신기의 미완성 결선도이다. 결선도를 완성하시오. (단, 발신기에 설치된 단자는 왼쪽으로부터 응답, 지구공통, 지구이다.)

(20.7.문16, 18.4.문13, 12.7.문15)

득점	배점
	6

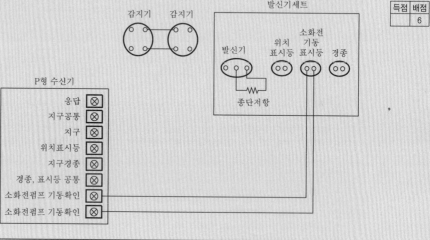

해답

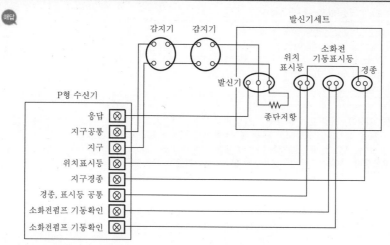

해설 (1)

- 틀린 답을 제시하니 주의할 것! **지구공통**과 **지구선**이 바뀌면 틀림

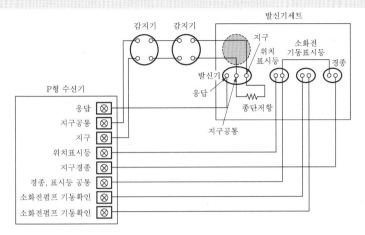

┃틀린 답┃

(2)

- 일반적으로 **종단저항**은 **10kΩ**을 사용한다.

✎ 비교

종단저항이 **감지기 내장형**일 때의 **결선도**

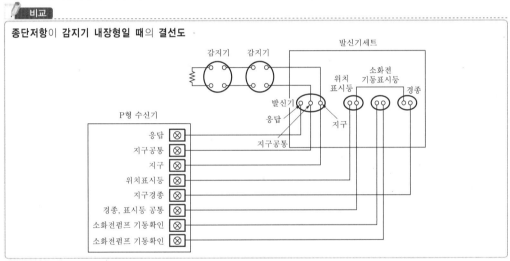

⭐
문제 18

그림과 같이 소방부하가 연결된 회로가 있다. A점과 B점의 전압은 몇 V인가? (단, 공급전압은 100V이며, 단상 2선식이다.)

(04.4.문15)

득점	배점
	5

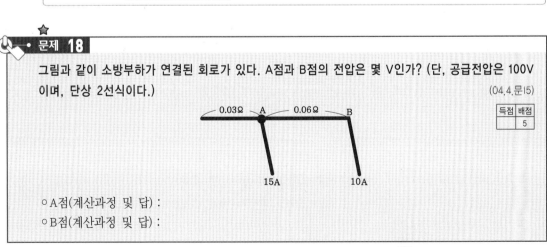

∘A점(계산과정 및 답) :
∘B점(계산과정 및 답) :

해답 ○A점 계산과정 : $e_A = 2 \times (15+10) \times 0.03 = 1.5\text{V}$

$$V_A = 100 - 1.5 = 98.5\text{V}$$

○답 : 98.5V

○B점 계산과정 : $e_B = 2 \times 10 \times 0.06 = 1.2\text{V}$

$$V_B = 98.5 - 1.2 = 97.3\text{V}$$

○답 : 97.3V

해설 **전압강하**

$$e = V_s - V_r = 2IR \qquad \text{에서}$$

A점의 전압강하 e_A 는

$e_A = 2IR = 2 \times (15+10) \times 0.03 = 1.5\text{V}$

A점의 **전압** V_A 는

$e = V_s - V_r$ 에서

$V_A(V_r) = V_s - e_A = 100 - 1.5 = 98.5\text{V}$

B점의 전압강하 e_B 는

$e_B = 2IR = 2 \times 10 \times 0.06 = 1.2\text{V}$

B점의 **전압** V_B 는

$e = V_s - V_r$ 에서

$V_B(V_r) = V_s - e_B = 98.5 - 1.2 = 97.3\text{V}$

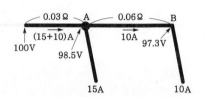

중요

전압강하

구 분	단상 2선식	3상 3선식
적응기기	• 기타기기(**사이렌**, 경종, 표시등, 유도등, 비상조명등, 솔레노이드밸브, 감지기 등)	• 소방펌프 • 제연팬
전압강하	$e = V_s - V_r = 2IR$	$e = V_s - V_r = \sqrt{3}\,IR$
	여기서, e : 전압강하[V] V_s : 입력(정격)전압[V] V_r : 출력(단자)전압[V] I : 전류[A] R : 저항[Ω]	
	$A = \dfrac{35.6LI}{1000e}$	$A = \dfrac{30.8LI}{1000e}$
	여기서, A : 전선단면적[mm²] L : 선로길이[m] I : 전부하전류[A] e : 각 선간의 전압강하[V]	

성공은 성공 지향적인 사람에게만 온다.
실패는 실패할 수 밖에 없다고 체념해버리는 사람에게 온다.

－ 나폴레온 힐 －

■2023년 기사 제2회 필답형 실기시험■

자격종목	시험시간	형별	수험번호	성명	감독위원 확 인
소방설비기사(전기분야)	**3시간**				

※ 다음 물음에 답을 해당 답란에 답하시오.(배점 : 100)

★★

문제 01

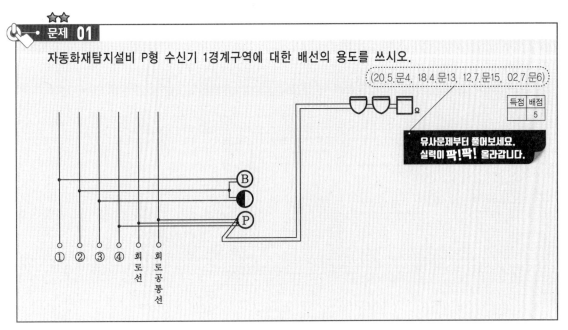

자동화재탐지설비 P형 수신기 1경계구역에 대한 배선의 용도를 쓰시오.

(20.5.문4, 18.4.문13, 12.7.문15, 02.7.문6)

득점	배점
	5

유사문제부터 풀어보세요.
실력이 팍!팍! 올라갑니다.

해답 ① 경종선 ② 경종표시등공통선 ③ 표시등선 ④ 응답선

해설 (1) **결선도**

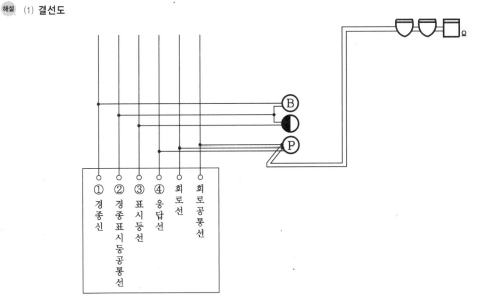

(2) **P형 수신기~수동발신기** 간 전선연결

비교

(1) **P형 수신기 1회로**의 **전체 결선도**(종단저항을 발신기에 설치한 경우)

(2) **P형 수신기 1회로**의 **전체 결선도**(종단저항을 감지기에 설치한 경우)

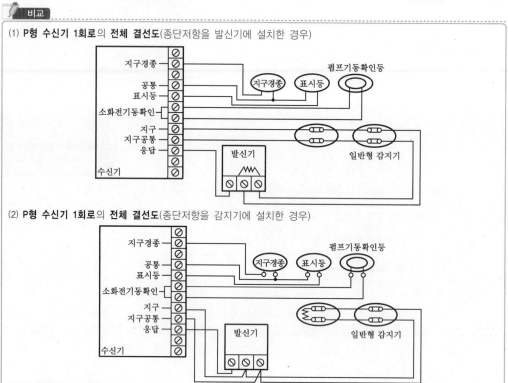

(3) **배선기호**의 **의미**

명 칭	기 호	원 어	동일한 명칭
회로선	L	Line	• 지구선 • 신호선 • 표시선 • 감지기선
	N	Number	
공통선 (회로공통선)	C	Common	• 지구공통선 • 신호공통선 • 회로공통선 • 발신기공통선
응답선	A	Answer	• 발신기선 • 발신기응답선 • 응답확인선 • 확인선
경종선	B	Bell	• 벨선
표시등선	PL	Pilot Lamp	–
경종공통선	BC	Bell Common	• 벨공통선
경종표시등공통선	특별한 기호가 없음		• 벨 및 표시등공통선

★★★ 문제 02

다음 소방시설 도시기호 각각의 명칭을 쓰시오.   (22.7.문8, 22.5.문16, 21.7.문18, 15.11.문5)

(가) RM   (나) SVP   (다) PAC   (라) AMP

득점	배점
	4

 (가) 가스계 소화설비의 수동조작함
(나) 프리액션밸브 수동조작함
(다) 소화가스패키지
(라) 증폭기

- (가) 소방시설 도시기호(소방시설 자체점검사항 등에 관한 고시 [별표])를 출제한 것으로 "**가스계 소화설비의 수동조작함**"이라고 정확히 답해야 정답! "수동조작함"만 쓰면 틀린다.
- (나) "**프리액션밸브 수동조작함**"이라고 정확히 써야 정답! "**슈퍼비조리판넬**", "**슈퍼비조리패널**"이라고 쓰면 틀릴 수 있다.
- (다) "**소화가스패키지**"라고 정확히 써야 정답! "**패키지시스템**"이라고 쓰면 틀릴 수 있다.

소방시설 도시기호

명 칭	도시기호	비 고
가스계 소화설비의 수동조작함 [질문 (가)]	RM	–
프리액션밸브 수동조작함 [질문 (나)]	SVP	–
소화가스패키지 [질문 (다)]	PAC	–
증폭기 [질문 (라)]	AMP	• 소방설비용 : AMP_F
발신기세트 단독형	Ⓟ Ⓑ Ⓛ	–
발신기세트 옥내소화전 내장형	Ⓟ Ⓑ Ⓛ	–
경계구역번호	△	–
비상용 누름버튼	Ⓕ	–
비상진화기	ET	–
비상벨	Ⓑ	• 방수용 : Ⓑ • 방폭형 : Ⓑ_{EX}
사이렌	◁	• 모터사이렌 : Ⓜ◁ • 전자사이렌 : Ⓢ◁

조작장치	E P	−
기동누름버튼	Ⓔ	−
이온화식 감지기(스포트형)	S I	−
광전식 연기감지기(아날로그)	S A	−
광전식 연기감지기(스포트형)	S P	−
감지기간선, HIV 1.2mm×4(22C)	— F /////	−
감지기간선, HIV 1.2mm×8(22C)	— F ///// /////	−
유도등간선, HIV 2.0mm×3(22C)	— EX —	−
경보부저	BZ	−
표시반	⊞	• 창이 3개인 표시반 : ⊞₃
회로시험기	⊙	−
화재경보벨	Ⓑ	−
시각경보기(스트로브)	◫	−
스피커	▽	−
비상콘센트	⊙⊙	−
비상분전반	⧓	−
전동기 구동	M	−
엔진 구동	E	−
노출배선	——	• 노출배선은 소방시설 도시기호와 옥내배선 기호 심벌이 서로 다르므로 주의!
옥내배선기호	천장은폐배선	——	• 천장 속의 배선을 구별하는 경우 : —·—·—·—
	바닥은폐배선	– – – –	−
	노출배선	··········	• 바닥면 노출배선을 구별하는 경우 : —··—··—··

문제 03

다음은 상용전원 정전시 예비전원으로 절환하고 상용전원 복구시 예비전원에서 상용전원으로 절환하여 운전하는 시퀀스제어회로의 미완성도이다. 시퀀스제어도를 완성하시오.

(19.6.문16, 15.7.문11, 15.7.문15, 11.11.문1, 09.7.문11)

득점	배점
	5

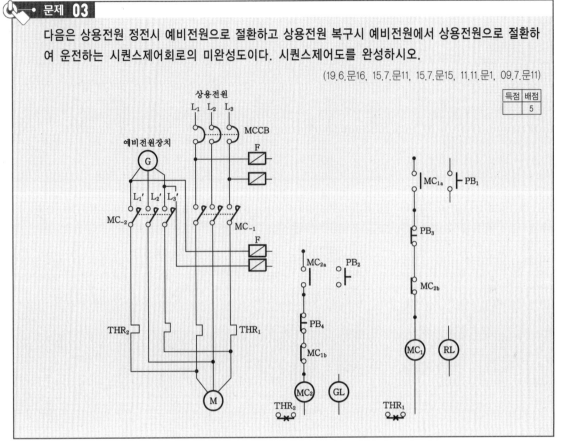

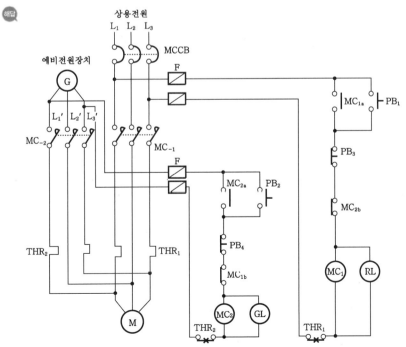

해설 **(1) 범례**

심 벌	명 칭
F (빗금친 사각형)	퓨즈
○ (곡선)	배선용 차단기(MCCB)
○ (주접점)	전자접촉기 주접점(MC)
┐┌	열동계전기(THR)
(G)	3상 발전기
(GL)	예비전원 기동표시등
(RL)	상용전원 기동표시등
○∣	전자접촉기 보조 a접점(MCₐ)
∫	전자접촉기 보조 b접점(MC_b)
∮	열동계전기 b접점(THR_b)
(MC)	전자접촉기 코일
○┤○	상용전원 기동용 푸시버튼스위치(PB₁)
∫	상용전원 정지용 푸시버튼스위치(PB₃)
○┤○	예비전원 기동용 푸시버튼스위치(PB₂)
∫	예비전원 정지용 푸시버튼스위치(PB₄)

(2) 동작설명

① MCCB를 투입한 후 PB₁을 누르면 MC₁이 여자되고 주접점 MC₋₁이 닫히고 상용전원에 의해 전동기 M이 회전하고 표시등 RL이 점등된다. 또한 보조접점이 MC₁ₐ가 폐로되어 자기유지회로가 구성되고 MC₁ᵦ가 개로되어 MC₂가 작동하지 않는다.

② 상용전원으로 운전 중 PB₃을 누르면 MC₁이 소자되어 전동기는 정지하고 상용전원 운전표시등 RL은 소등된다.

③ 상용전원의 정전시 PB₂를 누르면 MC₂기 여자되고 주접점 MC₋₂기 닫혀 예비전원에 의해 전동기 M이 회전하고 표시등 GL이 점등된다. 또한 보조접점 MC₂ₐ가 폐로되어 자기유지회로가 구성되고 MC₂ᵦ가 개로되어 MC₁이 작동하지 않는다.

④ 예비전원으로 운전 중 PB₄를 누르면 MC₂가 소자되어 전동기는 정지하고 예비전원 운전표시등 GL은 소등된다.

★★★
• 문제 04

소방설비 배선공사에 사용되는 부품의 명칭을 적으시오. (21.7.문11, 19.11.문3, 14.7.문7, 09.10.문5, 09.7.문2)

명 칭	용 도	득점	배점
			4
(가)	전선의 절연피복을 보호하기 위하여 박스 내의 금속관 끝에 취부하여 사용		
(나)	금속전선관 상호간에 접속하는 데 사용되는 부품		
(다)	매입배관공사를 할 때 관을 직각으로 굽히는 곳에 사용하는 부품		
(라)	금속관 배선에서 노출배관공사를 할 때 관을 직각으로 굽히는 곳에 사용하는 부품		

해답 (가) 부싱　　(나) 커플링　　(다) 노멀밴드　　(라) 유니버설엘보

해설

- (나) 관이 고정되어 있는지, 고정되어 있지 않은지 알 수 없으므로 "유니언커플링(=유니온커플링)"도 정답!
- (다) 노멀밴드=노멀벤드
- (라) 유니버설엘보=유니버설엘보우

중요

금속관공사에 이용되는 부품

명 칭	외 형	설 명
부싱 (bushing) 질문 (가)		전선의 **절연피복**을 **보호**하기 위하여 금속관 끝에 취부하여 사용되는 부품
유니언커플링 (union coupling) 질문 (나)		**금속전선관 상호간**을 **접속**하는 데 사용되는 부품(**관**이 **고정**되어 있을 때)
노멀밴드 (normal bend) 질문 (다)		**매입**배관공사를 할 때 **직각**으로 굽히는 곳에 사용하는 부품
유니버설엘보 (universal elbow) 질문 (라)		**노출**배관공사를 할 때 관을 **직각**으로 굽히는 곳에 사용하는 부품
링리듀서 (ring reducer)		금속관을 아우드렛박스에 로크너드만으로 고정하기 어려울 때 보조적으로 사용되는 부품
커플링 (coupling) 질문 (나)	커플링 전선관	**금속전선관 상호간**을 **접속**하는 데 사용되는 부품(**관**이 **고정**되어 있지 **않을 때**)

새들 (saddle)		관을 **지지**하는 데 사용하는 재료
로크너트 (lock nut)		**금속관**과 **박스**를 **접속**할 때 사용하는 재료로 최소 **2개**를 사용한다.
리머 (reamer)		금속관 **말단**의 **모**를 **다듬**기 위한 기구
파이프커터 (pipe cutter)		금속관을 **절단**하는 기구
환형 3방출 정크션박스		배관을 **분기**할 때 사용하는 박스
파이프벤더 (pipe bender)		금속관(후강전선관, 박강전선관)을 구부릴 때 사용하는 공구 ※ **28mm** 이상은 **유압식 파이프벤더**를 사용한다.

☆☆

문제 05

분전반에서 60m의 거리에 220V, 전력 2.2kW 단상 2선식 전기히터를 설치하려고 한다. 전선의 굵기는 몇 mm²인지 계산상의 최소 굵기를 구하시오. (단, 전압강하는 1% 이내이고, 전선은 동선을 사용한다.)

(15.11.문1, 14.11.문11, 14.4.문5)

○ 계산과정 :

○ 답 :

득점	배점
	5

 ○ 계산과정 : $e = 220 \times 0.01 = 2.2\text{V}$

$$I = \frac{2.2 \times 10^3}{220} = 10\text{A}$$

$$A = \frac{35.6 \times 60 \times 10}{1000 \times 2.2} = 9.709 ≒ 9.71\text{mm}^2$$

○ 답 : 9.71mm²

해설 (1) **전압강하**

전기방식	전선단면적	적응설비
단상 2선식	$A = \dfrac{35.6LI}{1000e}$	• 기타설비(경종, 표시등, 유도등, 비상조명등, 솔레노이드밸브, 감지기 등)

| 3상 3선식 | $A = \dfrac{30.8LI}{1000e}$ | • 소방펌프
• 제연팬 |
| 단상 3선식
3상 4선식 | $A = \dfrac{17.8LI}{1000e'}$ | – |

여기서, A : 전선의 단면적[mm²]
 L : 선로길이[m]
 I : 전부하전류[A]
 e : 각 선간의 전압강하[V]
 e' : 각 선간의 1선과 중성선 사이의 전압강하[V]

〈기호〉
• L : 60m
• V : 220V
• P : 2.2kW=2.2×10³W
• A : ?
• e : 1%=0.01

전압강하는 **1%**(0.01) 이내이므로
전압강하 e =전압×전압강하= $220 \times 0.01 = 2.2$V

(2) **전력**

$$P = VI$$

여기서, P : 전력[W]
 V : 전압[V]
 I : 전류[A]

$I = \dfrac{P}{V} = \dfrac{2.2 \times 10^3 \text{W}}{220\text{V}} = 10$A

문제에서 **단상 2선식**이므로 전선단면적 $A = \dfrac{35.6LI}{1000e} = \dfrac{35.6 \times 60 \times 10}{1000 \times 2.2} = 9.709 ≒ 9.71$mm²

• '**계산상의 최소 굵기**'로 구하라고 하였으므로 그냥 구한 값으로 답하면 된다. 이때는 '**공칭단면적**'으로 답하면 틀린다! 주의하라.

참고

공칭단면적
① 0.5mm² ② 0.75mm² ③ 1mm² ④ 1.5mm² ⑤ 2.5mm² ⑥ 4mm² ⑦ 6mm²
⑧ 10mm² ⑨ 16mm² ⑩ 25mm² ⑪ 35mm² ⑫ 50mm² ⑬ 70mm² ⑭ 95mm²
⑮ 120mm² ⑯ 150mm² ⑰ 185mm² ⑱ 240mm² ⑲ 300mm² ⑳ 400mm² ㉑ 500mm²

용어

공칭단면적 : 실제 실무에서 생산되는 규정된 전선의 굵기를 말한다.

★★
문제 06

광원점등방식의 피난유도선 설치기준 3가지를 쓰시오. (23.11.문2, 21.11.문7, 12.4.문11)

o
o
o

득점	배점
	5

 ① 구획된 각 실로부터 주출입구 또는 비상구까지 설치
② 피난유도 표시부는 바닥으로부터 높이 1m 이하의 위치 또는 바닥면에 설치
③ 비상전원이 상시 충전상태를 유지하도록 설치

 해설

• 짧은 것 3개만 골라서 써보자!

‖ 유도등 및 유도표지의 화재안전기준(NFPC 303 9조, NFTC 303 2.6) ‖

축광방식의 피난유도선 설치기준	광원점등방식의 피난유도선 설치기준
① 구획된 각 실로부터 **주출입구** 또는 **비상구**까지 설치	① 구획된 각 실로부터 **주출입구** 또는 **비상구**까지 설치
② 바닥으로부터 높이 **50cm 이하**의 위치 또는 바닥면에 설치	② 피난유도 표시부는 바닥으로부터 높이 **1m 이하**의 위치 또는 **바닥면**에 설치
③ 피난유도 표시부는 **50cm 이내**의 간격으로 연속되도록 설치	③ 피난유도 표시부는 **50cm 이내**의 간격으로 연속되도록 설치하되 실내장식물 등으로 설치가 곤란할 경우 **1m 이내**로 설치
④ 부착대에 의하여 견고하게 설치	④ 수신기로부터의 **화재신호** 및 **수동조작**에 의하여 광원이 점등되도록 설치
⑤ 외광 또는 조명장치에 의하여 상시 조명이 제공되거나 비상조명등에 의한 조명이 제공되도록 설치	⑤ 비상전원이 **상시 충전상태**를 유지하도록 설치
	⑥ 바닥에 설치되는 피난유도 표시부는 **매립**하는 방식을 사용
	⑦ 피난유도 제어부는 조작 및 관리가 용이하도록 바닥으로부터 **0.8~1.5m** 이하의 높이에 설치

🔖 중요

피난유도선의 방식

축광방식	광원점등방식
햇빛이나 **전등불**에 따라 **축광**하는 방식으로 유사시 어두운 상태에서 피난유도	**전류**에 따라 **빛**을 발하는 방식으로 유사시 어두운 상태에서 피난유도

‖ 피난유도선 ‖

★★

 문제 07

다음 보기는 제연설비에서 제연구역을 구획하는 기준을 나열한 것이다. ㉮~㉯까지의 빈칸을 채우시오.

(17.11.문6, 10.7.문10, 03.10.문13)

득점	배점
	5

[보기]
① 하나의 제연구역의 면적은 (㉮) 이내로 한다.
② 통로상의 제연구역은 보행중심선의 길이가 (㉯)를 초과하지 않아야 한다.
③ 하나의 제연구역은 직경 (㉰) 원 내에 들어갈 수 있도록 한다.
④ 하나의 제연구역은 (㉱)개 이상의 층에 미치지 않도록 한다. (단, 층의 구분이 불분명한 부분은 다른 부분과 별도로 제연구획할 것)
⑤ 재질은 (㉲), (㉳) 또는 제연경계벽으로 성능을 인정받은 것으로서 화재시 쉽게 변형·파괴되지 아니하고 연기가 누설되지 않는 기밀성 있는 재료로 할 것

해답 ㉮ 1000m²
㉯ 60m
㉰ 60m
㉱ 2개
㉲ 내화재료
㉳ 불연재료

해설 (1) **제연구역**의 **기준**(NFTC 501 2.1.1)
① 하나의 제연구역의 **면적**은 **1000m²** 이내로 한다. 보기 ㉮
② 거실과 통로는 **각각 제연구획**한다.
③ **통**로상의 제연구역은 보행중심선의 **길이**가 **60m**를 초과하지 않아야 한다. 보기 ㉯

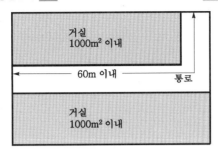

║ 제연구역의 구획(Ⅰ) ║

④ 하나의 제연구역은 직경 **60m 원** 내에 들어갈 수 있도록 한다. 보기 ㉰

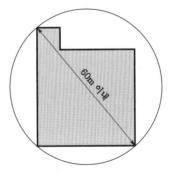

║ 제연구역의 구획(Ⅱ) ║

⑤ 하나의 제연구역은 **2개** 이상의 **층**에 미치지 않도록 한다. (단, 층의 구분이 불분명한 부분은 다른 부분과 별도로 제연구획할 것) 보기 ㉱

기억법 **층면 각각제 원통길이**

(2) **제연설비**의 **제연구획** 설치기준(NFPC 501 4조, NFTC 501 2.1.2)
① 재질은 **내화재료, 불연재료** 또는 제연경계벽으로 성능을 인정받은 것으로서 화재시 쉽게 변형·파괴되지 아니하고 연기가 누설되지 않는 기밀성 있는 재료로 할 것 보기 ㉲㉳
② 제연경계는 제연경계의 폭이 **0.6m 이상**이고, 수직거리는 **2m 이내**일 것(단, 구조상 불가피한 경우는 2m 초과 가능)

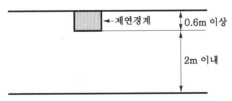

║ 제연경계 ║

③ 제연경계벽은 배연시 **기류**에 따라 그 하단이 쉽게 흔들리지 않고, **가동식**의 경우에는 **급속**히 **하강**하여 인명에 위해를 주지 않는 구조일 것

★★★

문제 08

다음 표는 소화설비별로 사용할 수 있는 비상전원의 종류를 나타낸 것이다. 각 소화설비별로 설치하여야 하는 비상전원을 찾아 빈칸에 ○표 하시오. (20.11.문5, 17.11.문9, 15.7.문4, 10.10.문12)

설비명	자가발전설비	축전지설비	비상전원수전설비	득점	배점
					4
옥내소화전설비, 제연설비, 연결송수관설비					
스프링클러설비					
자동화재탐지설비, 유도등					
비상콘센트설비					

해답

설비명	자가발전설비	축전지설비	비상전원수전설비
옥내소화전설비, 제연설비, 연결송수관설비	○	○	
스프링클러설비	○	○	○
자동화재탐지설비, 유도등		○	
비상콘센트설비	○	○	○

해설

• 문제에 **전기저장장치**는 없으므로 신경쓰지 않아도 된다.

각 설비의 비상전원 종류 및 용량

설비	비상전원	비상전원용량
•**자동화재탐**지설비	•**축**전지설비 • 전기저장장치	•**10분** 이상(30층 미만) •**30분** 이상(30층 이상)
• 비상**방**송설비	•**축**전지설비 • 전기저장장치	
• 비상**경**보설비	•**축**전지설비 • 전기저장장치	•**10분** 이상

•**유도등**	•**축**전지설비	•**20분** 이상
		※ 예외규정 : **60분** 이상
		  (1) **11층** 이상(지하층 제외)
		  (2) 지하층 · 무창층으로서 **도매시장 · 소매시장 · 여객자동차터미널 · 지하철역사 · 지하상가**

•**무**선통신보조설비	명시하지 않음	•**30분** 이상 **기억법** 탐경유방무축
•**비상콘센트설비**	• 자가발전설비 •축전지설비 •비상전원수전설비 •전기저장장치	•**20분** 이상
•**스프링클러설비** •**미**분무소화설비	•**자**가발전설비 •**축**전지설비 •**전**기저장장치 •비상전원**수**전설비(차고 · 주차장으로서 스프링클러설비(또는 미분무소화설비)가 설치된 부분의 바닥면적 합계가 1000m² 미만인 경우)	•**20분** 이상(30층 미만) •**40분** 이상(30~49층 이하) •**60분** 이상(50층 이상) **기억법** 스미자 수전축

설비	비상전원 종류	용량

• 포소화설비	• 자가발전설비
	• 축전지설비
	• 전기저장장치
	• 비상전원수전설비
	   – 호스릴포소화설비 또는 포소화전만을 설치한 차고 · 주차장
	   – 포헤드설비 또는 고정포방출설비가 설치된 부분의 바닥면적(스프링클러설비가 설치된 차고 · 주차장의 바닥면적 포함)의 합계가 1000m² 미만인 것
		• **20분** 이상

• **간**이스프링클러설비	• 비상전원**수**전설비	• **10분**(숙박시설 바닥면적 합계 300~600m² 미만, 근린생활시설 바닥면적 합계 1000m² 이상, 복합건축물 연면적 1000m² 이상은 **20분**) 이상 기억법 **간수**
• **옥내소화전설비** • **연결송수관설비** • 특별피난계단의 계단실 및 부속실 제연설비	• 자가발전설비 • 축전지설비 • 전기저장장치	• **20분** 이상(30층 미만) • **40분** 이상(30~49층 이하) • **60분** 이상(50층 이상)
• **제연설비** • 분말소화설비 • 이산화탄소 소화설비 • 물분무소화설비 • 할론소화설비 • 할로겐화합물 및 불활성 기체 소화설비 • 화재조기진압용 스프링클러설비	• 자가발전설비 • 축전지설비 • 전기저장장치	• **20분** 이상
• 비상조명등	• 자가발전설비 • 축전지설비 • 전기저장장치	• **20분** 이상 ※ 예외규정 : **60분** 이상 (1) **11층** 이상(지하층 제외) (2) 지하층 · 무창층으로서 **도매시장 · 소매시장 · 여객자동차터미널 · 지하철역사 · 지하상가**
• 시각경보장치	• 축전지설비 • 전기저장장치	명시하지 않음

🔔 **중요**

비상전원의 **용량**(한번 더 정리!)

설비	비상전원의 용량
• 자동화재탐지설비 • 비상경보설비 • 자동화재속보설비	**10분** 이상
• 유도등 • 비상조명등 • 비상콘센트설비 • 포소화설비 • 옥내소화선설비(30층 미만) • 제연설비, 물분무소화설비, 특별피난계단의 계단실 및 부속실 제연설비 (30층 미만) • 스프링클러설비(30층 미만) • 연결송수관설비(30층 미만)	**20분** 이상

• 무선통신보조설비의 증폭기	**30분 이상**
• 옥내소화전설비(30~49층 이하) • 특별피난계단의 계단실 및 부속실 제연설비(30~49층 이하) • 연결송수관설비(30~49층 이하) • 스프링클러설비(30~49층 이하)	**40분 이상**
• 유도등·비상조명등(지하상가 및 11층 이상) • 옥내소화전설비(50층 이상) • 특별피난계단의 계단실 및 부속실 제연설비(50층 이상) • 연결송수관설비(50층 이상) • 스프링클러설비(50층 이상)	**60분 이상**

★★ 문제 09

무선통신보조설비에 사용되는 분배기, 분파기, 혼합기의 기능에 대하여 간단하게 설명하시오.

(19.11.문4, 12.4.문7)

○ 분배기 :

○ 분파기 :

○ 혼합기 :

득점	배점
	6

해답
○ 분배기 : 신호의 전송로가 분기되는 장소에 설치하는 것으로 임피던스 매칭과 신호균등분배를 위해 사용하는 장치
○ 분파기 : 서로 다른 주파수의 합성된 신호를 분리하기 위해서 사용하는 장치
○ 혼합기 : 두 개 이상의 입력신호를 원하는 비율로 조합한 출력이 발생하도록 하는 장치

해설 **무선통신보조설비**의 **용어 정의**

용어	그림기호	정의
누설동축 케이블	——	동축케이블의 외부도체에 가느다란 홈을 만들어서 **전파**가 **외부**로 새 **어나갈 수 있도록** 한 케이블
분배기	⊣▢⊢	신호의 전송로가 분기되는 장소에 설치하는 것으로 **임피던스 매칭** (matching)과 **신호균등분배**를 위해 사용하는 장치
분파기	F	서로 다른 주파수의 합성된 **신호**를 **분리**하기 위해서 사용하는 장치 기억법 **분분**
혼합기	⊻	**두 개 이상**의 **입력신호**를 원하는 비율로 **조합**한 **출력**이 발생하도록 하는 장치 기억법 **혼조**
증폭기	AMP	신호전송시 신호가 약해져 수신이 불가능해지는 것을 방지하기 위해 서 **증폭**하는 장치 기억법 **증증**

★★★
문제 10

감지기회로의 배선에 대한 다음 각 물음에 답하시오.

(20.11.문16, 19.11.문11, 16.4.문11, 15.7.문16, 14.7.문11, 12.11.문7)

(개) 송배선식에 대하여 설명하시오.

○

득점	배점
	5

(내) 교차회로의 방식에 대하여 설명하시오.

○

(대) 교차회로방식의 적용설비 2가지만 쓰시오.

○

○

해답 (개) 도통시험을 용이하게 하기 위해 배선의 도중에서 분기하지 않는 방식
(내) 하나의 담당구역 내에 2 이상의 감지기회로를 설치하고 2 이상의 감지기회로가 동시에 감지되는 때에 설비가 작동하는 방식
(대) ① 분말소화설비
② 할론소화설비

해설
• 문제에서 이미 '감지기회로'라고 명시하였으므로 (개) '감지기회로의 도통시험을 용이하게 하기 위해 배선의 도중에서 분기하지 않는 방식'에서 **감지기회로**라는 말을 다시 쓸 필요는 없다.

송배선식과 **교차회로방식**

구 분	송배선식	교차회로방식
목적	• **감지기회로**의 **도통시험**을 용이하게 하기 위하여	• 감지기의 **오동작** 방지
원리	• 배선의 도중에서 분기하지 않는 방식	• 하나의 담당구역 내에 **2 이상**의 **감지기회로**를 설치하고 **2 이상**의 **감지기회로**가 **동시**에 **감지**되는 때에 설비가 작동하는 방식으로 회로방식이 **AND 회로**에 해당된다.
적용 설비	• 자동화재탐지설비 • 제연설비	• **분**말소화설비 • **할**론소화설비 • **이**산화탄소 소화설비 • **준**비작동식 스프링클러설비 • **일**제살수식 스프링클러설비 • **할**로겐화합물 및 불활성기체 소화설비 • **부**압식 스프링클러설비 기억법 분할이 준일할부
가닥수 산정	• 종단저항을 수동발신기함 내에 설치하는 경우 **루프(loop)**된 곳은 **2가닥**, **기타 4가닥**이 된다. 수동발신기함 —////— ○ —//— ▱▱ —///— ○ ↖ 루프(loop) ∥ 송배선식 ∥	• **말단**과 **루프(loop)**된 곳은 **4가닥**, **기타 8가닥**이 된다. 말단 수동발신기함 —////— ○ —//— ▱▱ ↖ 루프(loop) ∥ 교차회로방식 ∥

문제 11

자동화재탐지설비와 스프링클러설비 프리액션밸브의 간선계통도이다. 다음 각 물음에 답하시오. (단, 프리액션밸브용 감지기공통선과 전원공통선은 분리해서 사용하고 압력스위치, 탬퍼스위치 및 솔레노이드밸브용 공통선은 1가닥을 사용하는 조건이다.)

(20.5.문13, 19.11.문12, 17.4.문3, 16.6.문14, 15.4.문3, 14.7.문15, 14.4.문2, 13.4.문10, 12.4.문15, 11.7.문18, 04.4.문14)

득점	배점
	8

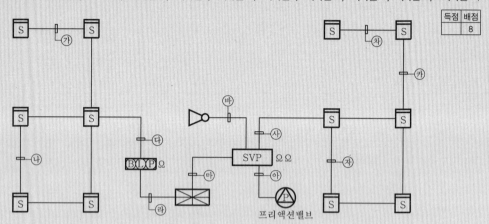

(가) ㉮~㉾까지의 배선 가닥수를 쓰시오. (단, 전화선은 삭제한다.)

답 란	㉮	㉯	㉰	㉱	㉲	㉳	㉴	㉵	㉶	㉷	㉾

(나) ㉲의 배선별 용도를 쓰시오.
  ○

해답 (가)

답 란	㉮	㉯	㉰	㉱	㉲	㉳	㉴	㉵	㉶	㉷	㉾
	4가닥	2가닥	4가닥	6가닥	9가닥	2가닥	8가닥	4가닥	4가닥	4가닥	8가닥

(나) 전원 ⊕ · ⊖, 사이렌 1, 감지기 A · B, 솔레노이드밸브 1, 압력스위치 1, 탬퍼스위치 1, 감지기공통선 1

해설 (가), (나)

기 호	가닥수	내 역
㉮	4가닥	지구선 2, 공통선 2
㉯	2가닥	지구선 1, 공통선 1
㉰	4가닥	지구선 2, 공통선 2
㉱	6가닥	지구선 1, 회로공통선 1, 경종선 1, 경종표시등공통선 1, 응답선 1, 표시등선 1
㉲	9가닥	전원 ⊕ · ⊖, 사이렌 1, 감지기 A · B, 솔레노이드밸브 1, 압력스위치 1, 탬퍼스위치 1, 감지기공통선 1
㉳	2가닥	사이렌 2
㉴	8가닥	지구선 4, 공통선 4
㉵	4가닥	솔레노이드밸브 1, 압력스위치 1, 탬퍼스위치 1, 공통선 1
㉶	4가닥	지구선 2, 공통선 2
㉷	4가닥	지구선 2, 공통선 2
㉾	8가닥	지구선 4, 공통선 4

- 자동화재탐지설비의 회로수는 일반적으로 **수동발신기함**(ⓑⓛⓟ) 수를 세어 보면 **1회로**(발신기세트 1개) 이므로 ㉣는 **6가닥**이 된다.
- 원칙적으로 수동발신기함의 심벌은 ⓟⓑⓛ이 맞다.
- ㉫ : 〔단서〕에서 공통선을 1가닥으로 사용하므로 4가닥이다.
- 솔레노이드밸브 = 밸브기동 = SV(Solenoid Valve)
- 압력스위치 = 밸브개방 확인 = PS(Pressure Switch)
- 탬퍼스위치 = 밸브주의 = TS(Tamper Switch)
- 여기서는 조건에서 **압력스위치, 탬퍼스위치, 솔레노이드밸브**라는 명칭을 사용하였으므로 ㈏의 답에서 우리가 일반적으로 사용하는 밸브개방 확인, 밸브주의, 밸브기동 등의 용어를 사용하면 오답으로 채점될 수 있다. 주의하라! **주어진 조건**에 있는 **명칭**을 사용하여야 빈틈없는 올바른 답이 된다.

중요

송배선식과 **교차회로방식**

구 분	송배선식	교차회로방식
목적	• 감지기회로의 **도통시험**을 용이하게 하기 위하여	• 감지기의 **오동작** 방지
원리	• 배선의 도중에서 분기하지 않는 방식	• 하나의 담당구역 내에 **2 이상**의 **감지기회로**를 설치하고 **2 이상**의 **감지기회로**가 **동시**에 **감지**되는 때에 설비가 작동하는 방식으로 회로방식이 **AND 회로**에 해당된다.
적용 설비	• 자동화재탐지설비 • 제연설비	• **분**말소화설비 • **할**론소화설비 • **이**산화탄소 소화설비 • **준**비작동식 스프링클러설비 • **일**제살수식 스프링클러설비 • **할**로겐화합물 및 불활성기체 소화설비 • **부**압식 스프링클러설비 **기억법** 분할이 준일할부
가닥수 산정	• 종단저항을 수동발신기함 내에 설치하는 경우 **루프(loop)**된 곳은 **2가닥**, **기타 4가닥**이 된다. ‖송배선식‖	• **말단**과 **루프**(loop)된 곳은 **4가닥**, **기타 8가닥**이 된다. ‖교차회로방식‖

★★★
문제 12

> 연축전지가 여러 개 설치된 축전지설비가 있다. 비상용 조명부하가 6kW이고, 표준전압이 100V라고
> 할 때 다음 각 물음에 답하시오. (단, 축전지에 1셀의 여유를 둔다.)
>
> (20.5.문17, 16.6.문7, 16.4.문15, 14.11.문8, 12.11.문3, 11.11.문8, 11.5.문7, 08.11.문8, 02.7.문9)
>
> (개) 연축전지는 몇 셀 정도 필요한가?
>
> ○ 계산과정 :
>
> ○ 답 :
>
> (내) 분비물이 혼입된 납축전지를 방전상태로 오랫동안 방치해두면 극판의 황산납이 회백색으로 변하
> 며 내부저장이 증가하고 전지의 용량이 감소하며 수명을 단축시키는 현상을 무엇이라고 하는가?
>
> ○
>
> (대) 충전시에 발생하는 가스의 종류는?
>
> ○

득점	배점
	6

해답 (개) ○계산과정 : $\frac{100}{2}+1=51$셀

　　○답 : 51셀

(내) 설페이션현상

(대) 수소가스

해설 (개) **연축전지**와 **알칼리축전지**의 **비교**

구 분	연축전지	알칼리축전지
공칭전압	2.0V	1.2V
방전종지전압	1.6V	0.96V
기전력	2.05~2.08V	1.32V
공칭용량(방전율)	10Ah(10시간율)	5Ah(5시간율)
기계적 강도	약하다.	강하다.
과충방전에 의한 전기적 강도	약하다.	강하다.
충전시간	길다.	짧다.
종류	클래드식, 페이스트식	소결식, 포켓식
수명	5~15년	15~20년

중요

> **공칭전압**의 **단위**는 **V**로도 나타낼 수 있지만 좀 더 정확히 표현하자면 **V/셀(cell)**이다.

위 표에서 **연축전지**의 1셀의 전압(공칭전압)은 **2.0V**이고, 문제에서 축전지에 **1셀**의 여유를 둔다고 했으므로 1을 반드시 더해야 한다.

$$셀수 = \frac{표준전압}{공칭전압} + 여유셀 = \frac{100V}{2V} + 1 = 51V/셀 = 51셀(cell)$$

(내) **설페이션**(sulfation)**현상**

① 충전이 부족할 때 축전지의 극판에 **백색 황산연**(황산납)이 생기는 현상

② 분비물이 혼입된 납축전지를 방전상태로 오랫동안 방치해두면 극판의 **황산납**이 **회백색**으로 변하며 내부저장이 증가하고 전지의 용량이 감소하며 **수명**을 **단축**시키는 현상

(대) **연축전지**(lead-acid battery)의 종류에는 **클래드식**(CS형)과 **페이스트식**(HS형)이 있으며 충전시에는 **수소가스**(H_2)가 발생하므로 반드시 **환기**를 시켜야 한다. 충·방전시의 화학반응식은 다음과 같다.

① 양극판 : $PbO_2 + H_2SO_4 \underset{충전}{\overset{방전}{\rightleftarrows}} PbSO_4 + H_2O + O$

② 음극판 : $Pb + H_2SO_4 \underset{충전}{\overset{방전}{\rightleftarrows}} PbSO_4 + H_2$

용어

회복충전방식
축전지의 과방전 및 방치상태, 가벼운 **설페이션현상** 등이 생겼을 때 기능회복을 위하여 실시하는 충전방식

중요

축전지의 원인

축전지의 과충전 원인	축전지의 충전불량 원인	축전지의 설페이션 원인
① 충전전압이 높을 때 ② 전해액의 비중이 높을 때 ③ 전해액의 온도가 높을 때	① 극판에 설페이션현상이 발생하였을 때 ② 축전지를 장기간 방치하였을 때 ③ 충전회로가 접지되었을 때	① 과방전하였을 때 ② 극판이 노출되어 있을 때 ③ 극판이 단락되었을 때 ④ 불충분한 충·방전을 반복하였을 때 ⑤ 전해액의 비중이 너무 높거나 낮을 때

★★

문제 13

자동화재탐지설비의 화재안전기준에서 정한 연기감지기의 설치기준이다. 다음 괄호 안 ①~⑧에 알맞은 답을 쓰시오. (22.5.문10, 12.11.문9)

(개) 부착높이에 따른 기준

득점	배점
	8

부착높이	감지기의 종류〔m²〕	
	1종 및 2종	3종
4m 미만	(①)	(②)
4m 이상 (③)m 미만	75	설치 불가능

(내) 감지기는 복도 및 통로에 있어서는 보행거리 (④)m[3종에 있어서는 (⑤)m]마다, 계단 및 경사로에 있어서는 수직거리 (⑥)m[3종에 있어서는 (⑦)m]마다 1개 이상으로 할 것

(대) 감지기는 벽 또는 보로부터 (⑧)m 이상 떨어진 곳에 설치할 것

해답 (개)

부착높이	감지기의 종류〔m²〕	
	1종 및 2종	3종
4m 미만	150	50
4m 이상 20m 미만	75	설치 불가능

(내) ④ : 30
⑤ : 20
⑥ : 15
⑦ : 10

(대) ⑧ : 0.6

해설 (개) **연기감지기의 바닥면적**

부착높이	감지기의 종류〔m²〕	
	1종 및 2종	3종
4m 미만	150 보기 ①	50 보기 ②
4~20m 미만 보기 ③	75	×

비교

스포트형 감지기의 바닥면적

부착높이 및 특정소방대상물의 구분		감지의 종류[m²]				
		차동식·보상식 스포트형		정온식 스포트형		
		1종	2종	특 종	1종	2종
4m 미만	주요구조부를 내화구조로 한 특정소방대상물 또는 그 부분	90	70	70	60	20
	기타 구조의 특정소방대상물 또는 그 부분	50	40	40	30	15
4m 이상 8m 미만	주요구조부를 내화구조로 한 특정소방대상물 또는 그 부분	45	35	35	30	
	기타 구조의 특정소방대상물 또는 그 부분	30	25	25	15	

기억법
```
차  보       정
9   7    7   6   2
5   4    4   3   ①
④   ③    ③   3   ×
3   ②    ②   ①   ×
```
※ 동그라미(○) 친 부분은 뒤에 5가 붙음

(나) **연기감지기**의 **설치기준**(NFPC 203 7조 ③항 10호, NFTC 203 2.4.3.10)

① 감지기는 복도 및 통로에 있어서는 **보행거리 30m**(3종은 **20m**)마다, **계단 및 경사로**에 있어서는 **수직거리 15m(3종은 10m)**마다 1개 이상으로 할 것 보기 ④ ⑤ ⑥ ⑦

설치장소	복도·통로		계단·경사로	
종 별	1·2종	3종	1·2종	3종
설치거리	보행거리 30m	보행거리 20m	수직거리 15m	수직거리 10m

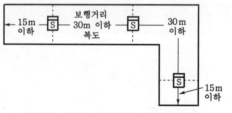

‖ 복도 및 통로의 연기감지기 설치(1·2종) ‖

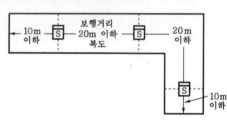

‖ 복도 및 통로의 연기감지기 설치(3종) ‖

② 천장 또는 반자가 **낮은 실내** 또는 **좁은 실내**에 있어서는 **출입구**의 가까운 부분에 설치할 것

③ 천장 또는 반자 부근에 **배기구**가 있는 경우에는 그 **부근**에 설치할 것

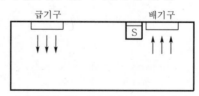

‖ 배기구가 있는 경우의 연기감지기 설치 ‖

(다) 감지기는 **벽** 또는 **보**로부터 **0.6m** 이상 떨어진 곳에 설치할 것 보기 ⑧

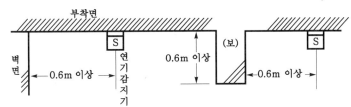

부착면

벽면 ← 0.6m 이상 → 연기감지기 S

(보) 0.6m 이상 ← 0.6m 이상 → S

‖벽 또는 보로부터의 연기감지기 설치‖

★★★

문제 14

내화구조인 건물에 차동식 스포트형 2종 감지기를 설치할 경우 다음 각 물음에 답하시오. (단, 감지기가 부착되어 있는 천장의 높이는 3.8m이다.)

(21.4.문5, 19.6.문4, 17.11.문12, 13.11.문3, 13.4.문4)

득점	배점
	7

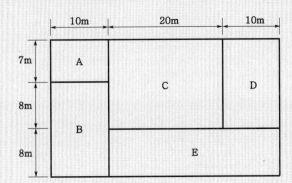

(가) 다음 각 실에 필요한 감지기의 수량을 산출하시오.

실	산출내역	개 수
A		
B		
C		
D		
E		
합계		

(나) 실 전체의 경계구역수를 선정하시오.

   ○ 계산과정 :

   ○ 답 :

해답 (가)

실	산출내역	개 수
A	$\dfrac{10 \times 7}{70} = 1$	1
B	$\dfrac{10 \times (8+8)}{70} = 2.2$	3
C	$\dfrac{20 \times (7+8)}{70} = 4.2$	5
D	$\dfrac{10 \times (7+8)}{70} = 2.1$	3
E	$\dfrac{(20+10) \times 8}{70} = 3.4$	4
합계	$1+3+5+3+4 = 16$	16

(나) ○ 계산과정 : $\dfrac{(10+20+10) \times (7+8+8)}{600} = 1.5 = 2$

○ 답 : 2경계구역

해설 (가) **감지기**의 **바닥면적**

(단위 : m²)

부착높이 및 특정소방대상물의 구분		감지기의 종류				
		차동식·보상식 스포트형		정온식 스포트형		
		1종	2종	특 종	1종	2종
4m 미만	내화구조	9<u>0</u>	→7<u>0</u>	7<u>0</u>	6<u>0</u>	2<u>0</u>
	기타구조	5<u>0</u>	4<u>0</u>	4<u>0</u>	3<u>0</u>	15
4m 이상 8m 미만	내화구조	4<u>5</u>	3<u>5</u>	3<u>5</u>	30	–
	기타구조	3<u>0</u>	2<u>5</u>	2<u>5</u>	15	–

기억법

차	보		정		
9	7		7	6	2
5	4		4	3	①
④	③		③	3	×
3	②		②	①	×

※ 동그라미(○) 친 부분은 뒤에 5가 붙음

• 천장 높이 : 3.8m로서 4m 미만 적용

실	산출내역	개 수
A	$\dfrac{10\text{m} \times 7\text{m}}{70\text{m}^2} = 1$개	1개
B	$\dfrac{10\text{m} \times (8+8)\text{m}}{70\text{m}^2} = 2.2 ≒ 3$개(절상)	3개
C	$\dfrac{20\text{m} \times (7+8)\text{m}}{70\text{m}^2} = 4.2 ≒ 5$개(절상)	5개
D	$\dfrac{10\text{m} \times (7+8)\text{m}}{70\text{m}^2} = 2.1 ≒ 3$개(절상)	3개
E	$\dfrac{(20+10)\text{m} \times 8\text{m}}{70\text{m}^2} = 3.4 ≒ 4$개(절상)	4개
합계	$1+3+5+3+4 = 16$개	16개

(나) 경계구역 $= \dfrac{(10+20+10)\text{m} \times (7+8+8)\text{m}}{600\text{m}^2} = 1.5 ≒ 2$개(절상)

∴ 2경계구역

- 1경계구역은 **600m² 이하**이고, 한 변의 길이는 **50m 이하**이므로 $\dfrac{\text{적용면적}}{600\text{m}^2}$ 을 하면 경계구역을 구할 수 있다.
- 경계구역 산정은 **소수점**이 발생하면 반드시 **절상**한다.

아하! 그렇구나 각 층의 경계구역 산정

① 여러 개의 **건축물**이 있는 경우 각각 **별개**의 **경계구역**으로 한다.
② 여러 개의 **층**이 있는 경우 각각 **별개**의 **경계구역**으로 한다. (단, **2개 층**의 면적의 합이 **500m² 이하**인 경우는 **1경계구역**으로 할 수 있다.)
③ **지하층**과 **지상층**은 **별개**의 **경계구역**으로 한다. (**지하 1층**인 경우에도 **별개**의 **경계구역**으로 한다. 주의! 또 주의!!)
④ 1경계구역의 면적은 **600m² 이하**로 하고, 한 변의 길이는 **50m 이하**로 한다.
⑤ **목욕실 · 화장실** 등도 **경계구역** 면적에 **포함**한다.
⑥ **계단 및 엘리베이터**의 면적은 **경계구역** 면적에서 **제외**한다.

★★★
문제 **15**

다음의 무접점회로를 보고 물음에 답하시오.

(22.7.문16, 21.7.문5, 20.7.문2, 17.6.문14, 15.7.문3, 14.4.문18, 12.4.문10, 10.4.문14)

득점	배점
	8

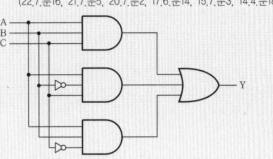

(가) 무접점회로를 간소화된 논리식으로 표현하시오.
　○

(나) 간소화된 논리회로의 무접점회로를 그리시오.

(다) 간소화된 논리회로의 유접점회로를 그리시오.

 (가) $ABC + A\overline{B}C + AB\overline{C} = A(BC + \overline{B}C + B\overline{C}) = A\{B(C+\overline{C}) + \overline{B}C\} = A(B + \overline{B}C) = A(B + C)$

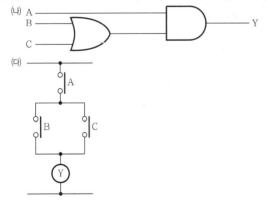

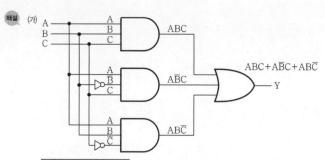

해설 (개)

$$ABC + A\overline{B}C + AB\overline{C}$$

Y

카르노맵 간소화

$$Y = ABC + A\overline{B}C + AB\overline{C}$$

A \ BC	$\overline{B}\overline{C}$ 00	$\overline{B}C$ 01	BC 11	$B\overline{C}$ 10
$\overline{A}$ 0		AC는 변하지 않음		AB는 변하지 않음
A 1		1	1	1

AC   AB

① 논리식의 ABC, A$\overline{B}$C, AB$\overline{C}$를 각각 표 안의 1로 표시

② 서로 인접해 있는 1을 2^n(2, 4, 8, 16, …)으로 묶되 **최대개수**로 묶음

$$\therefore\ Y = ABC + A\overline{B}C + AB\overline{C} = AC + AB = A(B+C)$$

불대수 간소화

$$Y = ABC + A\overline{B}C + AB\overline{C}$$
$$= A(BC + \overline{B}C + B\overline{C})$$
$$= A\{B(\underset{X+\overline{X}=1}{\underline{C+\overline{C}}}) + \overline{B}C\}$$
$$= A(\underset{X\cdot 1 = X}{\underline{B\cdot 1}} + \overline{B}C)$$
$$= A(\underset{X+\overline{X}Y=X+Y}{\underline{B+\overline{B}C}})$$
$$= A(B+C)$$

중요

불대수의 정리

정 리	논리합	논리곱	비 고
(정리 1)	$X+0=X$	$X \cdot 0 = 0$	
(정리 2)	$X+1=1$	$X \cdot 1 = X$	
(정리 3)	$X+X=X$	$X \cdot X = X$	—
(정리 4)	$X+\overline{X}=1$	$X \cdot \overline{X} = 0$	
(정리 5)	$X+Y=Y+X$	$X \cdot Y = Y \cdot X$	교환법칙
(정리 6)	$X+(Y+Z)=(X+Y)+Z$	$X(YZ)=(XY)Z$	결합법칙
(정리 7)	$X(Y+Z)=XY+XZ$	$(X+Y)(Z+W)=XZ+XW+YZ+YW$	분배법칙
(정리 8)	$X+XY=X$	$\overline{X}+X Y=\overline{X}+Y$ $X+\overline{X} Y=X+Y$ $X+\overline{X} \overline{Y}=X+\overline{Y}$	흡수법칙
(정리 9)	$\overline{(X+Y)} = \overline{X} \cdot \overline{Y}$	$\overline{(X \cdot Y)}=\overline{X}+\overline{Y}$	드모르간의 정리

(나) **유접점회로**(시퀀스회로)

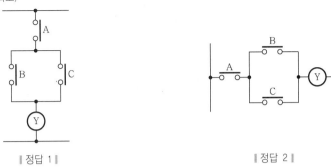

┃정답 1┃ 　　　　　┃정답 2┃

(다) **무접점회로**(논리회로)

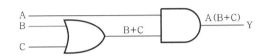

- 논리회로를 완성한 후 논리회로를 가지고 다시 논리식을 써서 이상 없는지 검토한다.

중요

시퀀스회로와 논리회로

명 칭	시퀀스회로	논리회로	진리표		
AND회로 (교차회로방식)		$X = A \cdot B$ 입력신호 A, B가 동시에 1일 때만 출력신호 X가 1이 된다.	A	B	X
			0	0	**0**
			0	1	**0**
			1	0	**0**
			1	1	**1**
OR회로		$X = A + B$ 입력신호 A, B 중 어느 하나라도 1이면 출력신호 X가 1이 된다.	A	B	X
			0	0	**0**
			0	1	**1**
			1	0	**1**
			1	1	**1**
NOT회로		$X = \overline{A}$ 입력신호 A가 0일 때만 출력신호 X가 1이 된다.	A		X
			0		**1**
			1		**0**
NAND회로		$X = \overline{A \cdot B}$ 입력신호 A, B가 동시에 1일 때만 출력신호 X가 0이 된다. (AND회로의 부정)	A	B	X
			0	0	**1**
			0	1	**1**
			1	0	**1**
			1	1	**0**

				A	B	X
NOR회로		$X = \overline{A + B}$ 입력신호 A, B가 동시에 0일 때만 출력신호 X 가 1이 된다. (OR회로의 부정)		0	0	1
				0	1	0
				1	0	0
				1	1	0
EXCLUSIVE OR회로		$X = A \oplus B = \overline{A}B + A\overline{B}$ 입력신호 A, B 중 어느 한쪽만이 1이면 출력신호 X 가 1이 된다.		A	B	X
				0	0	0
				0	1	1
				1	0	1
				1	1	0
EXCLUSIVE NOR회로		$X = \overline{A \oplus B} = AB + \overline{A}\,\overline{B}$ 입력신호 A, B가 동시에 0이거나 1일 때만 출력신호 X 가 1이 된다.		A	B	X
				0	0	1
				0	1	0
				1	0	0
				1	1	1

용어

용 어	설 명
불대수(Boolean algebra) =논리대수	① 임의의 회로에서 일련의 기능을 수행하기 위한 **가장 최적**의 **방법**을 결정하기 위하여 이를 수식적으로 표현하는 방법 ② 여러 가지 조건의 논리적 관계를 **논리기호**로 나타내고 이것을 **수식적으로 표현**하는 방법
무접점회로(논리회로)	**집적회로를 논리기호**를 사용하여 알기 쉽도록 표현해 놓은 회로
진리표(진가표, 참값표)	논리대수에 있어서 ON, OFF 또는 동작, 부동작의 상태를 1과 0으로 나타낸 표

★★★ 문제 **16**

자동화재탐지설비를 설치해야 할 특정소방대상물(연면적, 바닥면적 등의 기준)에 대한 다음 ( ) 안을 완성하시오. (단, 전부 필요한 경우는 '전부'라고 쓰고, 필요 없는 경우에는 '필요 없음'이라고 답할 것)

(22.5.문5, 21.7.문3, 20.7.문10, 18.4.문1 · 4, 13.7.문4, 11.7.문9, 06.11.문13)

특정소방대상물	기 준	특점	배점
			5
근린생활시설	(①)		
묘지관련시설	(②)		
장례시설	(③)		
노유자생활시설	(④)		
노유자시설(노유자생활시설에 해당하지 않는 노유자시설)	(⑤)		

특정소방대상물	기 준
근린생활시설	연면적 600m² 이상
묘지관련시설	연면적 2000m² 이상
장례시설	연면적 600m² 이상
노유자생활시설	전부
노유자시설(노유자생활시설에 해당하지 않는 노유자시설)	연면적 400m² 이상

자동화재탐지설비의 **설치대상**(소방시설법 시행령 〔별표 4〕)

설치대상	기 준
① 정신의료기관·의료재활시설	• 창살설치 : 바닥면적 300m² 미만 • 기타 : 바닥면적 300m² 이상
② **노유자시설** 보기 ⑤	• 연면적 400m² 이상
③ **근린생활시설** 보기 ① · **위**락시설	• 연면적 600m² 이상
④ **의**료시설(정신의료기관, 요양병원 제외)	
⑤ **복합건축물 · 장례시설** 보기 ③	
⑥ 목욕장 · 문화 및 집회시설, 운동시설	• 연면적 1000m² 이상
⑦ 종교시설	
⑧ 방송통신시설 · 관광휴게시설	
⑨ **업무시설 · 판매시설**	
⑩ 항공기 및 자동차 관련시설 · 공장 · 창고시설	
⑪ 지하가(터널 제외) · 운수시설 · 발전시설 · 위험물 저장 및 처리시설	
⑫ 교정 및 군사시설 중 국방 · 군사시설	
⑬ **교육연구시설 · 동**식물관련시설	• 연면적 2000m² 이상
⑭ **자**원순환관련시설 · **교**정 및 군사시설(국방 · 군사시설 제외)	
⑮ **수**련시설(숙박시설이 있는 것 제외)	
⑯ **묘지관련시설** 보기 ②	
⑰ 터널	• 길이 1000m 이상
⑱ 특수가연물 저장 · 취급	• 지정수량 500배 이상
⑲ 수련시설(숙박시설이 있는 것)	• 수용인원 100명 이상
⑳ 발전시설	• 전기저장시설
㉑ 지하구	• 전부
㉒ **노유자생활시설** 보기 ④	
㉓ **전통시장**	
㉔ 조산원, 산후조리원	
㉕ 요양병원(정신병원, 의료재활시설 제외)	
㉖ 공동주택	
㉗ 숙박시설	
㉘ **6층** 이상인 건축물	

기억법 근위의복 6, 교동자교수 2

 문제 **17**

그림과 같은 건물평면도의 경우 자동화재탐지설비의 최소경계구역의 수를 구하시오.

(22.5.문15, 12.11.문9)

득점	배점
	6

(가)

60m

40m

(나)

10m

20m

50m

○계산과정 :

○답 :

○계산과정 :

○답 :

해답

(가) ○계산과정 : ① $\dfrac{60 \times 40}{600} = 4$개

② $\dfrac{60}{50} = 1.2 ≒ 2$개

○답 : 4경계구역

(나) ○계산과정 : ① $\dfrac{(10 \times 10) + (50 \times 10)}{600} = 1$개

② $\dfrac{50}{50} = 1$개

○답 : 1경계구역

해설

• 계산과정을 작성하기 어려우면 해설과 같이 **그림**을 그려도 **정답** 처리해 줄 것으로 보인다.

(가) 하나의 경계구역의 면적을 **600m²** 이하로 하고, 한 변의 길이는 **50m** 이하로 하여야 하므로

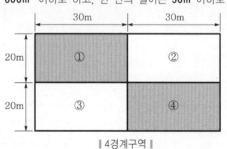

30m

30m

20m

① ②

20m

③ ④

▮4경계구역▮

• 600m² 이하, 50m 이하 두 가지 조건을 만족해야 하므로 다음 두 가지 식 중 **큰 값** 적용

① 경계구역수$= \dfrac{\text{전체 면적}}{600\text{m}^2}(\text{절상}) = \dfrac{60\text{m} \times 40\text{m}}{600\text{m}^2} = 4$개

② 경계구역수$= \dfrac{\text{가장 긴 변}}{50\text{m}}(\text{절상}) = \dfrac{60\text{m}}{50\text{m}} = 1.2 ≒ 2$개

∴ 4경계구역

(내) 하나의 경계구역의 면적을 600m² 이하로 하고, 한 변의 길이는 50m 이하로 하여 산정하면 **1경계구역**이 된다.

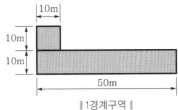

‖1경계구역‖

- 600m² 이하, 50m 이하 두 가지 조건을 만족해야 하므로 다음 두 가지 식 중 **큰 값** 적용

① 경계구역수 = $\dfrac{전체\ 면적}{600m^2}$(절상) = $\dfrac{(10m \times 10m) + (50m \times 10m)}{600m^2}$ = $\dfrac{600m^2}{600m^2}$ = 1개

② 경계구역수 = $\dfrac{가장\ 긴\ 변}{50m}$(절상) = $\dfrac{50m}{50m}$ = 1개

∴ 1경계구역

중요

자동화재탐지설비의 **경계구역** 설정기준

(1) 1경계구역이 2개 이상의 **건축물**에 미치지 않을 것
(2) 1경계구역이 2개 이상의 층에 미치지 않을 것(단, 2개층이 **500m²** 이하는 제외)
(3) 1경계구역의 면적은 **600m²**(주출입구에서 내부 전체가 보이는 것은 **1000m²**) 이하로 하고, 1변의 길이는 50m 이하로 할 것

★★★
문제 18

P형 수신기와 감지기와의 배선회로에서 배선저항은 50Ω, 릴레이저항은 1000Ω, 감시상태의 감시 전류는 2mA이다. 회로전압이 DC 24V일 때 다음 각 물음에 답하시오.

(22.7.문9, 20.10.문10, 18.11.문5, 16.4.문9, 15.7.문10, 12.11.문17, 07.4.문5)

득점	배점
	4

(개) 종단저항값[Ω]을 구하시오.
　○계산과정 :
　○답 :

(내) 감지기가 동작할 때(화재시)의 전류는 몇 mA인가?
　○계산과정 :
　○답 :

해답　(개)　○계산과정 : $2 \times 10^{-3} = \dfrac{24}{50 + 1000 + x}$

$x = \dfrac{24}{2 \times 10^{-3}} - 1000 - 50 = 10950\,Ω$

　　○답 : 10950Ω

(내)　○계산과정 : $I = \dfrac{24}{1000 + 50} = 0.022A ≒ 22mA$

　　○답 : 22mA

 주어진 값

- 종단저항 : ?
- 배선저항 : 50Ω
- 릴레이저항 : 1000Ω
- 회로전압(V) : 24V
- 감시전류 : 2mA=2×10⁻³A
- 동작전류 : ?

(가) **감시전류** I 는

$$I = \frac{\text{회로전압}}{\text{종단저항} + \text{릴레이저항} + \text{배선저항}}$$

기억법 감회종릴배

종단저항을 x 로 놓고 계산하면

$$2 \times 10^{-3} = \frac{24}{50 + 1000 + x}$$

$$50 + 1000 + x = \frac{24}{2 \times 10^{-3}}$$

$$x = \frac{24}{2 \times 10^{-3}} - 1000 - 50 = 10950\,\Omega$$

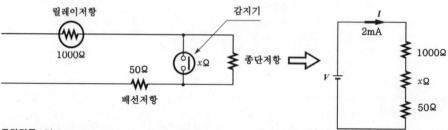

(나) **동작전류** I 는

$$I = \frac{\text{회로전압}}{\text{릴레이저항} + \text{배선저항}}$$

기억법 동회릴배

$$= \frac{24\text{V}}{(1000 + 50)\,\Omega} = 0.022\text{A} = 22\text{mA}$$

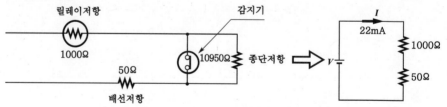

많은 사람들이 재능보다는 결심이 확고해야 뜻을 이룬다.
— 빌리 선데이 —

▌2023년 기사 제4회 필답형 실기시험 ▌

		수험번호	성명	감독위원 확 인
자격종목 **소방설비기사(전기분야)**	시험시간 **3시간**	형별		

※ 다음 물음에 답을 해당 답란에 답하시오. (배점 : 100)

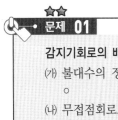

문제 01

감지기회로의 배선방식으로 교차회로방식을 사용할 경우 다음 각 물음에 답하시오. (15.7.문3, 10.4.문14)

(가) 불대수의 정리를 이용하여 간단한 논리식을 쓰시오.
　　　○

(나) 무접점회로로 나타내시오.

(다) 진리표를 완성하시오.

A	B	C

득점	배점
	6

유사문제부터 풀어보세요.
실력이 팍!팍! 올라갑니다.

해답 (가) $A \cdot B = C$

(나)

(다)

A	B	C
0	0	0
0	1	0
1	0	0
1	1	1

해설

- (가)의 경우 (다)의 진리표에서 출력을 X 또는 Z로 표시하지 않고 C로 표시하고 있으므로 특히 주의하라!

옳은 답(O)	틀린 답(X)
• AB = C • C = AB • C = A · B	• AB = Z • AB = X • Z = AB • Z = A · B • X = AB • X = A · B

- (나)의 무접점회로도 마찬가지이다.

옳은 답(O)

(a)　　　틀린 답(X)　　　(b)

- (다) 이것도 정답!

A	B	C
1	1	1
1	0	0
0	1	0
0	0	0

(개) 송배선식과 교차회로방식

구 분	송배선식	교차회로방식
목적	**감지기회로**의 **도통시험**을 용이하게 하기 위하여	감지기의 **오동작** 방지
원리	배선의 도중에서 분기하지 않는 방식	하나의 담당구역 내에 **2 이상**의 **감지기회로**를 설치하고 **2 이상**의 **감지기회로**가 **동시**에 감지되는 때에 설비가 작동하는 방식으로 회로방식이 **AND 회로**에 해당된다.
적용 설비	• 자동화재탐지설비 • 제연설비	• **분**말소화설비 • **할**론소화설비 • **이**산화탄소 소화설비 • **준**비작동식 스프링클러설비 • **일**제살수식 스프링클러설비 • **할**로겐화합물 및 불활성기체 소화설비 • **부**압식 스프링클러설비 [기억법] 분할이 준일할부
가닥수 산정	종단저항을 수동발신기함 내에 설치하는 경우 **루프(loop)**된 곳은 **2가닥, 기타 4가닥**이 된다. ‖송배선식‖	**말단**과 **루프(loop)**된 곳은 **4가닥, 기타 8가닥**이 된다. ‖교차회로방식‖

(나), (다) 시퀀스회로와 논리회로

명 칭	시퀀스회로	논리회로	진리표
AND회로 **(교차회로방식)**		A, B 입력 X 출력 $X = A \cdot B$ 입력신호 A, B 가 동시에 1일 때만 출력신호 X 가 1이 된다.	A B X 0 0 0 0 1 0 1 0 0 1 1 1
OR회로		$X = A + B$ 입력신호 A, B 중 어느 하나라도 1이면 출력신호 X 가 1이 된다.	A B X 0 0 0 0 1 1 1 0 1 1 1 1
NOT회로		$X = \overline{A}$ 입력신호 A가 0일 때만 출력신호 X 가 1이 된다.	A X 0 1 1 0

	회로	논리식	A	B	X
NAND회로		$X = \overline{A \cdot B}$ 입력신호 A, B가 동시에 1일 때만 출력신호 X가 0이 된다(AND회로의 부정).	0	0	1
			0	1	1
			1	0	1
			1	1	0
NOR회로		$X = \overline{A + B}$ 입력신호 A, B가 동시에 0일 때만 출력신호 X가 1이 된다(OR회로의 부정).	0	0	1
			0	1	0
			1	0	0
			1	1	0
EXCLUSIVE OR회로		$X = A \oplus B = \overline{A}B + A\overline{B}$ 입력신호 A, B 중 어느 한쪽만이 1이면 출력신호 X가 1이 된다.	0	0	0
			0	1	1
			1	0	1
			1	1	0
EXCLUSIVE NOR회로		$X = \overline{A \oplus B} = AB + \overline{A}\,\overline{B}$ 입력신호 A, B가 동시에 0이거나 1일 때만 출력신호 X가 1이 된다.	0	0	1
			0	1	0
			1	0	0
			1	1	1

용어

용 어	설 명
불대수(Boolean algebra) =논리대수	① 임의의 회로에서 일련의 기능을 수행하기 위한 **가장 최적의 방법**을 결정하기 위하여 이를 수식적으로 표현하는 방법 ② 여러 가지 조건의 논리적 관계를 **논리기호**로 나타내고 이것을 **수식적으로 표현**하는 방법
무접점회로(논리회로)	**집적회로**를 **논리기호**를 사용하여 알기 쉽도록 표현해 놓은 회로
진리표(진가표, 참값표)	논리대수에 있어서 ON, OFF 또는 동작, 부동작의 상태를 **1**과 **0**으로 나타낸 표

문제 02 ★★

피난유도선은 햇빛이나 전등불에 따라 축광하거나 전류에 따라 빛을 발하는 유도체로서, 어두운 상태에서 피난을 유도할 수 있도록 띠형태로 설치되는 피난유도시설이다. 광원점등방식의 피난유도선의 설치기준 5가지를 쓰시오. (21.11.문7, 12.4.문11)

득점	배점
	5

○

○

○

○

○

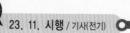
해답 ① 구획된 각 실로부터 주출입구 또는 비상구까지 설치
② 피난유도 표시부는 바닥으로부터 높이 1m 이하의 위치 또는 바닥면에 설치
③ 수신기로부터의 화재신호 및 수동조작에 의하여 광원이 점등되도록 설치
④ 비상전원이 상시 충전상태를 유지하도록 설치
⑤ 바닥에 설치되는 피난유도 표시부는 매립하는 방식을 사용

해설
• 짧은 것 5개만 골라서 써보자!

‖ **유도등** 및 **유도표지**의 **화재안전기준**(NFPC 303 9조, NFTC 303 2.6) ‖

축광방식의 피난유도선 설치기준	광원점등방식의 피난유도선 설치기준
① 구획된 각 실로부터 **주출입구** 또는 **비상구**까지 설치	① 구획된 각 실로부터 **주출입구** 또는 **비상구**까지 설치
② 바닥으로부터 높이 **50cm 이하**의 위치 또는 바닥면에 설치	② 피난유도 표시부는 바닥으로부터 높이 **1m 이하**의 위치 또는 **바닥면**에 설치
③ 피난유도 표시부는 **50cm 이내**의 간격으로 연속되도록 설치	③ 피난유도 표시부는 **50cm 이내**의 간격으로 연속되도록 설치하되 실내장식물 등으로 설치가 곤란할 경우 **1m** 이내로 설치
④ 부착대에 의하여 견고하게 설치	④ 수신기로부터의 **화재신호** 및 **수동조작**에 의하여 광원이 점등되도록 설치
⑤ 외광 또는 조명장치에 의하여 상시 조명이 제공되거나 비상조명등에 의한 조명이 제공되도록 설치	⑤ 비상전원이 **상시 충전상태**를 유지하도록 설치
	⑥ 바닥에 설치되는 피난유도 표시부는 **매립**하는 방식을 사용
	⑦ 피난유도 제어부는 조작 및 관리가 용이하도록 바닥으로부터 **0.8~1.5m** 이하의 높이에 설치

중요
피난유도선의 방식

축광방식	광원점등방식
햇빛이나 **전등불**에 따라 **축광**하는 방식으로 유사시 어두운 상태에서 피난유도	**전류**에 따라 **빛**을 발하는 방식으로 유사시 어두운 상태에서 피난유도

‖ 피난유도선 ‖

★★

문제 **03**

정온식 스포트형 감지기의 열감지방식 5가지를 쓰시오. (21.4.문3, 15.7.문13, 09.10.문17)

○

○

○

○

○

득점	배점
	5

해답 ① 바이메탈의 활곡 이용
② 바이메탈의 반전 이용
③ 금속의 팽창계수차 이용
④ 액체(기체)의 팽창 이용
⑤ 가용절연물 이용

해설 **감지 형태** 및 **방식**에 따른 **구분**

차동식 스포트형 감지기	정온식 스포트형 감지기	정온식 감지선형 감지기
① **공기**의 **팽창** 이용 ② **열기전력** 이용 ③ **반도체** 이용	① **바이메탈**의 **활곡** 이용 ② **바이메탈**의 **반전** 이용 ③ **금속**의 **팽창계수차** 이용 ④ **액체**(기체)의 **팽창** 이용 ⑤ **가용절연물** 이용 ⑥ **감열반도체소자** 이용	① 선 전체가 감열부분인 것 ② 감열부가 띄엄띄엄 존재해 있는 것

문제 04 ☆☆

다음 그림과 같은 회로에서 부하 R_L에서 소비되는 최대전력에 대한 다음 각 물음에 답하시오.

득점	배점
	4

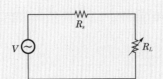

(가) 최대전력전달 조건을 쓰시오.

　○

(나) 최대전력식을 유도하시오.

　○

해답 (가) $R_s = R_L$

(나) $P = VI = (IR_s) \times I = R_s I^2$

$$= R_s \times \left(\frac{V}{R_s + R_L}\right)^2 = R_s \times \left(\frac{V}{2R_s}\right)^2$$

$$= R_s \times \frac{V^2}{4R_s^2} = \frac{V^2}{4R_s}$$

해설 (가) **최대전력**

그림에서 $Z_s = R_s$, $Z_L = R_L$인 경우

① **최대전력전달 조건** : $R_s = R_L$

② **최대전력** : $P_{\max} = \dfrac{V^2}{4R_s}$

여기서, $P_{\max}$: 최대전력〔W〕

V : 전압〔V〕

R_s : 저항〔Ω〕

‖ 최대전력 ‖

(나) ① **전력**

$$P = VI = \frac{V^2}{R} = I^2 R$$

여기서, P : 전력〔W〕

V : 전압〔V〕

I : 전류〔A〕

R : 저항〔Ω〕

② 옴의 **법칙**

$$I = \frac{V}{R}$$

여기서, I : 전류[A]
V : 전압[V]
R : 저항[Ω]

$$I = \frac{V}{R}, \quad V = IR$$

③ **테브난**의 **정리**

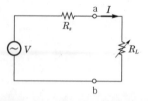

$$I = \frac{V}{R_s + R_L} \text{[A]} \quad \cdots\cdots ①$$

여기서, R_s : 합성저항(내부저항)[Ω]
R_L : 부하[Ω]

$$P = VI = (IR_s) \times I = R_s I^2 \quad \cdots\cdots ②$$

①식을 ②식에 대입.

$$P = R_s I^2 = R_s \times \left(\frac{V}{R_s + R_L} \right)^2$$

$\boxed{R_s = R_L}$ 이므로

$$= R_s \times \left(\frac{V}{R_s + R_s} \right)^2 = R_s \times \left(\frac{V}{2R_s} \right)^2 = \cancel{R_s} \times \frac{V^2}{4\cancel{R_s^2}} = \frac{V^2}{4R_s}$$

⭐⭐

 문제 05

높이 20m 이상되는 곳에 설치할 수 있는 감지기를 2가지 쓰시오.   (20.10.문5, 15.11.문12)

ㅇ

ㅇ

득점	배점
	4

해답 ① 불꽃감지기
② 광전식(분리형, 공기흡입형) 중 아날로그방식

해설
• "(분리형, 공기흡입형) 중 아날로그방식"까지 꼭 써야 정답!
• 아날로그방식=아날로그식

감지기의 **부착높이**

부착높이	감지기의 종류
<u>4</u>m <u>미</u>만	• 차동식(스포트형, 분포형) ─┐ • 보상식 스포트형 ├─ **열**감지기 • 정온식(스포트형, 감지선형) ─┘ • 이온화식 또는 광전식(스포트형, 분리형, 공기흡입형) : <u>연</u>기감지기 • 열복합형 ─┐ • 연기복합형 ├─ **복**합형 감지기 • 열연기복합형 ─┘ • **불**꽃감지기 **기억법** 열연불복 4미
4~<u>8</u>m <u>미</u>만	• 차동식(스포트형, 분포형) ─┐ • 보상식 스포트형 ├─ **열**감지기 • **정**온식(스포트형, 감지선형) **특종** 또는 **1종** ─┘ • **이**온화식 **1**종 또는 **2**종 ─┐ • **광**전식(스포트형, 분리형, 공기흡입형) 1종 또는 2종 ─┴─ 연기감지기 • 열복합형 ─┐ • 연기복합형 ├─ **복**합형 감지기 • 열연기복합형 ─┘ • **불**꽃감지기 **기억법** 8미열 정특1 이광12 복불
8~<u>15</u>m 미만	• 차동식 **분**포형 • **이**온화식 **1**종 또는 **2**종 • **광**전식(스포트형, 분리형, 공기흡입형) 1종 또는 2종 • **연**기**복**합형 • **불**꽃감지기 **기억법** 15분 이광12 연복불
15~<u>20</u>m 미만	• **이**온화식 1종 • **광**전식(스포트형, 분리형, 공기흡입형) 1종 • **연**기**복**합형 • **불**꽃감지기 **기억법** 이광불연복2
20m 이상	• **불**꽃감지기 • **광**전식(분리형, 공기흡입형) 중 **아**날로그방식 **기억법** 불광아

문제 06 ★★★

비상조명등의 설치기준에 관한 다음 ( ) 안을 완성하시오.   (22.7.문18, 20.11.문5, 17.11.문9)

비상조명등의 비상전원은 비상조명등을 20분 이상 유효하게 작동시킬 수 있는 용량으로 할 것. 다만, 다음의 특정소방대상물의 경우에는 그 부분에서 피난층에 이르는 부분의 비상조명등을 (①)분 이상 유효하게 작동시킬 수 있는 용량으로 하여야 한다.

득점	배점
	3

○ (②   )
○ (③   )

해답 ① 60
② 지하층을 제외한 층수가 11층 이상의 층
③ 지하층 또는 무창층으로서 용도가 도매시장·소매시장·여객자동차터미널·지하역사 또는 지하상가

 해설

- ② "지하층을 제외한"도 꼭 써야 정답!
- ③ "지하층 또는 무창층으로서"도 꼭 써야 정답!

(1) **비상조명등**의 **설치기준**(NFPC 304 4조, NFTC 304 2.1.1.5)

비상전원은 비상조명등을 20분 이상 유효하게 작동시킬 수 있는 용량으로 할 것. 단, 다음의 특정소방대상물의 경우에는 그 부분에서 피난층에 이르는 부분의 비상조명등을 <u>60</u>분 이상 유효하게 작동시킬 수 있는 용량으로 하여야 한다. 보기 ①

① 지하층을 제외한 층수가 **11**층 이상의 층 보기 ②

② 지하층 또는 무창층으로서 용도가 **도**매시장 · **소**매시장 · **여**객자동차터미널 · **지**하역사 또는 지하상가 보기 ③

기억법 도소여지 11 60

(2) **각 설비**의 **비상전원 종류** 및 **용량**

설 비	비상전원	비상전원용량
• 자동화재**탐**지설비	• **축**전지설비 • 전기저장장치	• 10분 이상(30층 미만) • 30분 이상(30층 이상)
• 비상**방**송설비	• 축전지설비 • 전기저장장치	
• 비상**경**보설비	• 축전지설비 • 전기저장장치	• 10분 이상
• **유**도등	• 축전지설비	• 20분 이상 ※ 예외규정 : **60분** 이상 (1) **11층** 이상(지하층 제외) (2) 지하층 · 무창층으로서 **도매시장 · 소매시장 · 여객자동차터미널 · 지하철역사 · 지하상가**
• **무**선통신보조설비	명시하지 않음	• 30분 이상 기억법 탐경유방무축
• 비상콘센트설비	• 자가발전설비 • 축전지설비 • 비상전원수전설비 • 전기저장장치	• 20분 이상
• **스**프링클러설비 • **미**분무소화설비	• **자**가발전설비 • **축**전지설비 • **전**기저장장치 • 비상전원**수**전설비(차고 · 주차장으로서 스프링클러설비(또는 미분무소화설비)가 설치된 부분의 바닥면적 합계가 1000m² 미만인 경우)	• 20분 이상(30층 미만) • 40분 이상(30~49층 이하) • 60분 이상(50층 이상) 기억법 스미자 수전축
• 포소화설비	• 자가발전설비 • 축전지설비 • 전기저장장치 • 비상전원수전설비 – 호스릴포소화설비 또는 포소화전만을 설치한 차고 · 주차장 – 포헤드설비 또는 고정포방출설비가 설치된 부분의 바닥면적(스프링클러설비가 설치된 차고 · 주차장의 바닥면적 포함)의 합계가 1000m² 미만인 것	• 20분 이상
• **간**이스프링클러설비	• 비상전원**수**전설비	• 10분(숙박시설 바닥면적 합계 300~600m² 미만, 근린생활시설 바닥면적 합계 1000m² 이상, 복합건축물 연면적 1000m² 이상은 **20분**) 이상 기억법 간수

• 옥내소화전설비 • 연결송수관설비 • 특별피난계단의 계단실 및 부속실 제연설비	• 자가발전설비 • 축전지설비 • 전기저장장치	• **20분** 이상(30층 미만) • **40분** 이상(30~49층 이하) • **60분** 이상(50층 이상)
• 제연설비 • 분말소화설비 • 이산화탄소 소화설비 • 물분무소화설비 • 할론소화설비 • 할로겐화합물 및 불활 성기체 소화설비 • 화재조기진압용 스프링 클러설비	• 자가발전설비 • 축전지설비 • 전기저장장치	• **20분** 이상
• 비상조명등	• 자가발전설비 • 축전지설비 • 전기저장장치	• **20분** 이상 ※ 예외규정 : **60분** 이상 (1) **11층** 이상(지하층 제외) (2) 지하층·무창층으로서 **도매시장·소** **매시장 · 여객자동차터미널 · 지하** **철역사 · 지하상가**
• 시각경보장치	• 축전지설비 • 전기저장장치	명시하지 않음

★★★
문제 07

다음은 건물의 평면도를 나타낸 것으로 거실에는 차동식 스포트형 감지기 1종, 복도에는 연기감지기 2종을 설치하고자 한다. 감지기의 설치높이는 3.8m이고 내화구조이며, 복도의 보행거리는 50m이다. 각실에 설치될 감지기의 개수를 계산하시오. (단, 계산식을 활용하여 설치수량을 구하시오.)

(21.7.문12, 19.11.문10, 17.6.문12, 15.7.문2, 13.7.문2, 11.11.문16, 09.7.문16, 07.11.문8)

득점	배점
	6

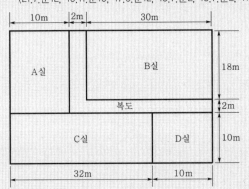

○ 감지기 설치수량 :

구 분	계산과정	설치수량〔개〕
A실		
B실		
C실		
D실		
복도		

해답 감지기 설치수량

구 분	계산과정	설치수량〔개〕
A실	$\dfrac{10\times(18+2)}{90}=2.2 ≒ 3$개	3개
B실	$\dfrac{(30\times18)}{90}=6$개	6개
C실	$\dfrac{(32\times10)}{90}=3.5 ≒ 4$개	4개
D실	$\dfrac{(10\times10)}{90}=1.1 ≒ 2$개	2개
복도	$\dfrac{50}{30}=1.6 ≒ 2$개	2개

해설

- '**계산과정**'에서는 2.2, 3.5, 1.1, 1.6까지만 답하고 절상값까지는 쓰지 않아도 정답이다. 절상값은 써도 되고 안 써도 된다.

(단위 : m²)

부착높이 및 특정소방대상물의 구분		감지기의 종류				
		차동식·보상식 스포트형		정온식 스포트형		
		1종	2종	특 종	1종	2종
4m 미만	내화구조	➙ 90	70	70	60	20
	기타 구조	50	40	40	30	15
4~8m 미만	내화구조	45	35	35	30	설치 불가능
	기타 구조	30	25	25	15	

기억법

차	보		정		
9	7		7	6	2
5	4		4	3	①
④	③		③	3	×
3	②		②	①	×

※ 동그라미(○) 친 부분은 뒤에 5가 붙음

- 〔문제조건〕 **3.8m**, **내화구조**, **차동식 스포트형 1종**이므로 감지기 1개가 담당하는 바닥면적은 **90m²**

구 분	계산과정	설치수량〔개〕
A실	$\dfrac{적용면적}{90\text{m}^2}=\dfrac{[10\times(18+2)]\text{m}^2}{90\text{m}^2}=2.2 ≒ 3$개(절상)	3개
B실	$\dfrac{적용면적}{90\text{m}^2}=\dfrac{(30\times18)\text{m}^2}{90\text{m}^2}=6$개	6개
C실	$\dfrac{적용면적}{90\text{m}^2}=\dfrac{(32\times10)\text{m}^2}{90\text{m}^2}=3.5 ≒ 4$개(절상)	4개
D실	$\dfrac{적용면적}{90\text{m}^2}=\dfrac{(10\times10)\text{m}^2}{90\text{m}^2}=1.1 ≒ 2$개(절상)	2개

- 〔문제조건〕 복도는 **연기감지기 2종** 설치

보행거리 20m 이하	보행거리 30m 이하
3종 연기감지기	1·2종 연기감지기

구 분	계산과정	설치수량〔개〕
복도	$\dfrac{\text{보행거리}}{30\text{m}}=\dfrac{50\text{m}}{30\text{m}}=1.6 \fallingdotseq 2\text{개(절상)}$	2개

- 반드시 **복도 중앙**에 설치할 것
- 연기감지기 설치개수는 다음 식을 적용하면 금방 알 수 있다.

$$1 \cdot 2\text{종 연기감지기 설치개수}=\frac{\text{복도 중앙의 보행거리}}{30\text{m}}(\text{절상})=\frac{50\text{m}}{30\text{m}}=1.6 \fallingdotseq 2\text{개(절상)}$$

$$3\text{종 연기감지기 설치개수}=\frac{\text{복도 중앙의 보행거리}}{20\text{m}}(\text{절상})=\frac{50\text{m}}{20\text{m}}=2.5 \fallingdotseq 3\text{개(절상)}$$

문제 08

극수변환식 3상 농형 유도전동기가 있다. 고속측은 4극이고 정격출력은 90kW이다. 저속측은 1/3 속도라면 저속측의 극수와 정격출력은 몇 kW인지 계산하시오. (단, 슬립 및 정격토크는 저속측과 고속측이 같다고 본다.)

(14.7.문3)

득점	배점
	6

(가) 극수
- 계산과정 :
- 답 :

(나) 정격출력〔kW〕
- 계산과정 :
- 답 :

해답 (가) 극수

- 계산과정 : $\dfrac{P}{4}=\dfrac{\dfrac{1}{\dfrac{1}{3}N_s}}{\dfrac{1}{N_s}}=3$

$$P=4\times3=12\text{극}$$

- 답 : 12극

(나) 정격출력

- 계산과정 : $90 : N = P' : \dfrac{1}{3}N$

$$P'=\frac{90\times\dfrac{1}{3}N}{N}=30\text{kW}$$

- 답 : 30kW

해설 (가) **극수**

동기속도 : $N_s=\dfrac{120f}{P}$

여기서, N_s : 동기속도〔rpm〕
f : 주파수〔Hz〕
P : 극수

극수 $P=\dfrac{120f}{N_s}\propto\dfrac{1}{N_s}$

$$\frac{\text{저속측 극수}}{\text{고속측 극수}} = \frac{P}{4} = \frac{\frac{1}{\frac{1}{3}N_s}}{\frac{1}{N_s}} = 3$$

$$\frac{P}{4} = 3$$

저속측 극수 $P = 4 \times 3 = 12$극

비교

회전속도 :
$$N = \frac{120f}{P}(1-s) \text{[rpm]}$$

여기서, N : 회전속도[rpm]
f : 주파수[Hz]
P : 극수
s : 슬립

※ **슬립(slip)** : 유도전동기의 **회전자 속도**에 대한 **고정자**가 만든 **회전자계의 늦음의 정도**를 말하며, 평상운전에서 슬립은 **4~8%** 정도 되며, 슬립이 클수록 회전속도는 느려진다.

(나) **출력**

$$P = 9.8\omega\tau = 9.8 \times 2\pi\frac{N}{60} \times \tau \text{[W]}$$

여기서, P : 출력[W]
ω : 각속도[rad/s]
τ : 토크[kg·m]
N : 회전수[rpm]
$P \propto N$이므로 비례식으로 풀면

고속측   저속측

$$90 : N = P' : \frac{1}{3}N$$

$$P'N = 90 \times \frac{1}{3}N$$

$$P' = \frac{90 \times \frac{1}{3}N}{N} = 30\text{kW}$$

★★

문제 09

무선통신보조설비의 누설동축케이블의 기호를 보기에서 찾아쓰시오.   (20.5.문16, 08.11.문11)

$$\underline{\text{LCX}} - \underline{\text{FR}} - \underline{\text{SS}} - \underline{20}\,\underline{\text{D}} - \underline{14}\,\underline{6}$$
    ①   ②   ③   ④⑤   ⑥⑦

득점	배점
	6

[보기] 사용주파수, 특성임피던스, 절연체 외경, 자기지지, 난연성(내열성), 누설동축케이블

예 ⑦ 결합손실 표시

해답 ① 누설동축케이블
② 난연성(내열성)
③ 자기지지
④ 절연체 외경
⑤ 특성임피던스
⑥ 사용주파수

해설 **누설동축케이블**

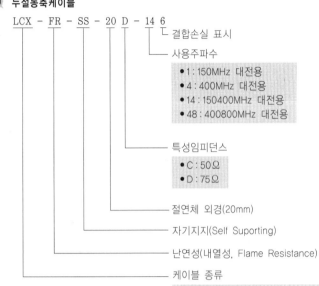

LCX - FR - SS - 20 D - 14 6

└ 결합손실 표시

사용주파수
- 1 : 150MHz 대전용
- 4 : 400MHz 대전용
- 14 : 150400MHz 대전용
- 48 : 400800MHz 대전용

특성임피던스
- C : 50Ω
- D : 75Ω

절연체 외경(20mm)

자기지지(Self Suporting)

난연성(내열성, Flame Resistance)

케이블 종류
- CX : 동축케이블(Coaxial Cable)
- LCX : 누설동축케이블(Leaky Coaxial Cable)

중요

누설동축케이블

누설동축케이블의 구조	내열 누설동축케이블의 구조

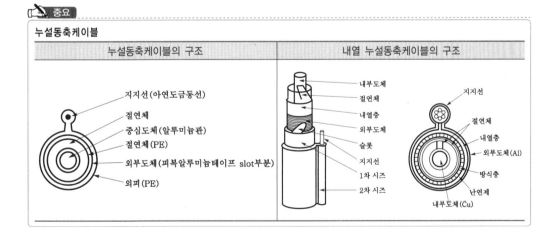

★★★
문제 10

자동화재탐지설비의 평면을 나타낸 도면이다. 이 도면을 보고 다음 각 물음에 답하시오. (단, 각 실은 이중천장이 없는 구조이며, 전선관은 16mm 후강스틸전선관을 사용콘크리트 내 매입 시공한다.)

(21.11.문13, 18.6.문11, 15.4.문4, 03.4.문8)

(개) 시공에 소요되는 로크너트와 부싱의 소요개수는?

득점	배점
	7

　　 ○로크너트 :

　　 ○부싱 :

(내) 각 감지기간과 감지기와 수동발신기세트(①~⑤) 간에 배선되는 전선의 가닥수는?

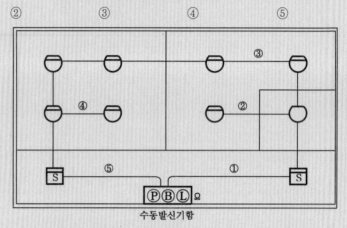

수동발신기함

해답 (개) ① 로크너트 : 44개

　　　　② 부싱 : 22개

(내) ① 2가닥　② 4가닥　③ 2가닥　④ 4가닥　⑤ 2가닥

해설 (개), (내) **부싱 개수** 및 **가닥수**

① ○ : 부싱 설치장소(22개소), 로크너트는 부싱 개수의 **2배**이므로 **44개**(22개×2＝44개)가 된다.

② 자동화재탐지설비의 감지기배선은 **송배선식**이므로 루프(loop)된 곳은 **2가닥**, 그 외는 **4가닥**이 된다.

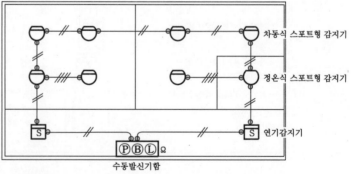

수동발신기함

🔧 **중요**

부싱개수	로크너트개수
부싱＝선(라인)×2 (예) 1선×2＝2개	로크너트＝부싱×2

🔔 중요

(1) 송배선식과 교차회로방식

구 분	송배선식	교차회로방식
목적	• 감지기회로의 **도통시험**을 용이하게 하기 위하여	• 감지기의 **오동작** 방지
원리	• 배선의 도중에서 분기하지 않는 방식	• 하나의 담당구역 내에 **2 이상**의 **감지기회로**를 설치하고 **2 이상**의 **감지기회로**가 **동시**에 **감지**되는 때에 설비가 작동하는 방식으로 회로방식이 **AND 회로**에 해당된다.
적용 설비	• 자동화재탐지설비 • 제연설비	• **분**말소화설비 • **할**론소화설비 • **이**산화탄소 소화설비 • **준**비작동식 스프링클러설비 • **일**제살수식 스프링클러설비 • **할**로겐화합물 및 불활성기체 소화설비 • **부**압식 스프링클러설비 기억법 분할이 준일할부
가닥수 산정	• 종단저항을 수동발신기함 내에 설치하는 경우 **루프**(loop)된 곳은 **2가닥**, **기타 4가닥**이 된다. ‖ 송배선식 ‖	• **말단**과 **루프**(loop)된 곳은 **4가닥**, **기타 8가닥**이 된다. ‖ 교차회로방식 ‖

(2) 옥내배선기호

명 칭	그림기호	적 요
차동식 스포트형 감지기		–
보상식 스포트형 감지기		–
정온식 스포트형 감지기		• 방수형 : • 내산형 : • 내알칼리형 : • 방폭형 :
연기감지기	S	• 점검박스 붙이형 : • 매입형 :
감지선	⊙	• 감지선과 전선의 접속점 : ● • 가건물 및 천장 안에 시설할 경우 : --◉-- • 관통위치 : ─○─○─
공기관	───	• 가건물 및 천장 안에 시설할 경우 : ------- • 관통위치 : ─○─○─
열전대	▬▬	• 가건물 및 천장 안에 시설할 경우 : ─▭─

★★★
문제 11

무선통신보조설비의 설치기준에 관한 다음 물음에 답 또는 빈칸을 채우시오. (15.4.문11, 13.7.문12)

득점	배점
	6

(개) 증폭기의 정의를 쓰시오.
　○

(내) 증폭기에는 비상전원이 부착된 것으로 하고 해당 비상전원 용량은 무선통신보조설비를 유효하게 (　　)분 이상 작동시킬 수 있는 것으로 할 것

(대) 증폭기의 전면에는 주회로의 전원이 정상인지의 여부를 표시할 수 있는 (　　) 및 (　　)를 설치할 것

(래) 증폭기의 전원은 전기가 정상적으로 공급되는 (　　), (　　) 또는 (　　)으로 하고, 전원까지의 배선은 전용으로 할 것

 해답
(개) 신호전송시 신호가 약해져 수신이 불가능해지는 것을 방지하기 위해서 증폭하는 장치
(내) 30
(대) 표시등, 전압계
(래) 축전지설비, 전기저장장치, 교류전압 옥내간선

해설
- (대) 표시등, 전압계는 순서를 서로 바꾸어서 답해도 정답!
- (래) 축전지설비, 전기저장장치, 교류전압 옥내간선은 순서를 서로 바꾸어서 답해도 정답!

무선통신보조설비의 **설치기준**
(1) **증폭기**의 **정의**

무선통신보조설비	비상방송설비
신호전송시 신호가 약해져 수신이 불가능해지는 것을 방지하기 위해서 **증폭**하는 장치 ［질문 (개)］	전압·전류의 **진폭**을 늘려 **감도**를 좋게 하고 미약한 음성전류를 커다란 **음성전류**로 변화시켜 **소리**를 **크**게 하는 장치

(2) **누설동축케이블 등**
① 누설동축케이블 및 동축케이블은 **불연** 또는 **난연성**의 것으로서 습기에 따라 전기의 특성이 변질되지 아니하는 것으로 할 것
② 누설동축케이블 및 안테나는 **금속판** 등에 의하여 **전파의 복사** 또는 **특성**이 현저하게 저하되지 아니하는 위치에 설치할 것
③ **누설동축케이블**과 이에 접속하는 **안테나** 또는 **동축케이블**과 이에 접속하는 **안테나**일 것
④ 누설동축케이블 및 동축케이블은 화재에 따라 해당 케이블의 피복이 소실된 경우에 케이블 본체가 떨어지지 아니하도록 **4m** 이내마다 금속제 또는 자기제 등의 지지금구로 벽·천장·기둥 등에 견고하게 고정시킬 것(단, 불연재료로 구획된 반자 안에 설치하는 경우 제외)
⑤ 누설동축케이블 및 안테나는 고압전로로부터 **1.5m** 이상 떨어진 위치에 설치할 것(해당 전로에 **정전기차폐장치**를 유효하게 설치한 경우에는 제외)
⑥ 누설동축케이블의 끝부분에는 **무반사 종단저항**을 설치할 것
⑦ 누설동축케이블, 동축케이블, 분배기, 분파기, 혼합기 등의 임피던스는 **50Ω**으로 할 것
⑧ 증폭기의 전면에는 주회로의 전원이 정상인지의 여부를 표시할 수 있는 **표시등** 및 **전압계**를 설치할 것 ［질문 (대)］
⑨ 증폭기의 전원은 전기가 정상적으로 공급되는 **축전지설비**, **전기저장장치** 또는 **교류전압 옥내간선**으로 하고, 전원까지의 배선은 **전용**으로 할 것 ［질문 (래)］
⑩ **비상전원 용량**

설비	비상전원의 용량
• 자동화재탐지설비 • 비상경보설비 • 자동화재속보설비	**10분** 이상
• 유도등 • 비상조명등 • 비상콘센트설비	**20분** 이상

• 포소화설비 • 옥내소화전설비(30층 미만) • 제연설비, 물분무소화설비, 특별피난계단의 계단실 및 부속실 제연설비(30층 미만) • 스프링클러설비(30층 미만) • 연결송수관설비(30층 미만)	**20분** 이상
• 무선통신보조설비의 증폭기	**30분** 이상 질문 (나)
• 옥내소화전설비(30~49층 이하) • 특별피난계단의 계단실 및 부속실 제연설비(30~49층 이하) • 연결송수관설비(30~49층 이하) • 스프링클러설비(30~49층 이하)	**40분** 이상
• 유도등 · 비상조명등(지하상가 및 11층 이상) • 옥내소화전설비(50층 이상) • 특별피난계단의 계단실 및 부속실 제연설비(50층 이상) • 연결송수관설비(50층 이상) • 스프링클러설비(50층 이상)	**60분** 이상

📢 중요

각 설비의 전원 종류

설 비	전 원	비상전원 용량
• 자동화재**탐**지설비	• **축**전지설비 • 전기저장장치 • 교류전압 옥내간선	• **10분** 이상(30층 미만) • **30분** 이상(30층 이상)
• 비상**방**송설비	• 축전지설비 • 전기저장장치 • 교류전압 옥내간선	
• 비상**경**보설비	• 축전지설비 • 전기저장장치 • 교류전압 옥내간선	• **10분** 이상
• **유**도등	• 축전지설비 • 교류전압 옥내간선	• **20분** 이상 ※ 예외규정 : **60분** 이상 　(1) **11층** 이상(지하층 제외) 　(2) 지하층 · 무창층으로서 **도매시장** · 　　**소매시장** · **여객자동차터미널** · **지 　　하철역사** · **지하상가**
• **무**선통신보조설비	• 축전지설비 • 교류전압 옥내간선	• **30분** 이상 기억법 탐경유방무축

★★

문제 12

특정소방대상물에 설치된 소방시설 등을 구성하는 전부 또는 일부를 개설(改設), 이전(移轉) 또는 정비(整備)하는 소방시설공사의 착공신고 대상 3가지를 쓰시오. (단, 고장 또는 파손 등으로 인하여 작동시킬 수 없는 소방시설을 긴급히 교체하거나 보수하여야 하는 경우에는 신고하지 않을 수 있다.)

(18.4.문8, 15.7.문12)

득점	배점
	6

○
○
○

해답 ① 수신반
　② 소화펌프
　③ 동력(감시)제어반

 해설
- **수신반**이 정답! 수신기가 아님. 수신기는 자동화재탐지설비에 사용되는 것임
- **소화펌프**가 정답! 소방펌프가 아님
- **동력, 감시** 모두 써야 정답! 동력(감시)제어반은 동력제어반 및 감시제어반을 뜻한다.

공사업법 시행령 4조
특정소방대상물에 설치된 소방시설 등을 구성하는 전부 또는 일부를 **개설, 이전** 또는 **정비**하는 공사(단, 고장 또는 파손 등으로 인하여 작동시킬 수 없는 소방시설을 긴급히 교체하거나 보수하여야 하는 경우에는 신고하지 않을 수 있다.)
(1) **수신반**
(2) **소화펌프**
(3) **동력(감시)제어반**

★★★
·문제 13

자동화재탐지설비 및 시각경보장치의 화재안전기술기준에 따른 배선에 대한 내용이다. 다음 (   ) 안을 완성하시오.　　　　　　　　　　　　　　　　　　　　　　　(20.11.문5, 16.4.문7, 08.11.문14)

득점	배점
	5

○ 아날로그식, 다신호식 감지기나 R형 수신기용으로 사용되는 것은 (①) 방해를 받지 않는 실드선 등을 사용해야 하며, 광케이블의 경우에는 전자파 방해를 받지 아니하고 내열성능이 있는 경우 사용할 것. 다만, 전자파 방해를 받지 않는 방식의 경우에는 그렇지 않다.
○ 감지기 사이의 회로의 배선은 (②)으로 할 것
○ 전원회로의 전로와 대지 사이 및 배선 상호간의 절연저항은 「전기사업법」제67조에 따른 「전기설비 기술기준」이 정하는 바에 의하고, 감지기회로 및 부속회로의 전로와 대지 사이 및 배선 상호간의 절연저항은 1경계구역마다 (③)를 사용하여 측정한 절연저항이 (④) 이상이 되도록 할 것
○ 자동화재탐지설비의 감지기회로의 전로저항은 (⑤) 이하가 되도록 해야 하며, 수신기의 각 회로별 종단에 설치되는 감지기에 접속되는 배선의 전압은 감지기 정격전압의 80% 이상이어야 할 것

 해답
① 전자파
② 송선배식
③ 직류 250V의 절연저항측정기
④ 0.1MΩ
⑤ 50Ω

해설
- ② **송배선식**이 정답! 송배전식 아님
- ③ **직류 250V**까지 써야 정답! **절연저항측정기** 정답! 절연저항측정계 아님. 화재안전기준에 대한 문제는 화재안전기준 그대로의 내용을 적는게 가장 좋음
- ④ 단위가 주어지지 않았으므로 **MΩ**까지 써야 정답
- ⑤ 단위가 주어지지 않았으므로 **Ω**까지 써야 정답

자동화재탐지설비 및 **시각경보장치의**ㆍ**배선기준**(NFPC 203 11조, NFTC 203 2.8)
(1) **전원회로**의 배선은 **내화배선**에 따르고, 그 밖의 배선(감지기 상호간 또는 감지기로부터 수신기에 이르는 감지기회로의 배선 제외)은 **내화배선** 또는 **내열배선**에 따라 설치

전원회로의 배선	그 밖의 배선
내화배선	내화배선 또는 내열배선

(2) 감지기 상호간 또는 감지기로부터 수신기에 이르는 감지기회로의 배선은 다음의 기준에 따라 설치
　① **아날로그식, 다신호식 감지기**나 **R형 수신기용**으로 **사용**되는 것은 **전자파 방해**를 받지 아니하는 **쉴드선**(=실드선) 등을 사용해야 하며, **광케이블**의 경우에는 전자파 방해를 받지 아니하고 **내열성능**이 있는 경우 사용할 것(단, 전자파 방해를 받지 않는 방식의 경우 제외) 보기 ①

│ 쉴드선(shield wire)(NFPC 203 11조, NFTC 203 2.8.1.2.1) │

구 분	설 명
사용처	**아날로그식, 다신호식 감지기**나 **R형 수신기용**으로 사용하는 배선
사용목적	**전자파 방해**를 **방지**하기 위하여
서로 꼬아서 사용하는 이유	**자계**를 서로 **상쇄**시키도록 하기 위하여 │ 쉴드선의 내부 │
접지이유	**유도전파**가 발생하는 경우 이 전파를 **대지**로 흘려보내기 위하여
종류	① **내열성 케이블(H-CVV-SB)** : 비닐절연 비닐시즈 내열성 제어용 케이블 ② **난연성 케이블(FR-CVV-SB)** : 비닐절연 비닐시즈 난연성 제어용 케이블
광케이블의 경우	**전자파 방해**를 받지 않고 **내열성능**이 있는 경우 사용 가능

② 일반배선을 사용할 때는 **내화배선** 또는 **내열배선**으로 사용
(3) 감지기 사이의 회로의 배선은 **송배선식**으로 할 것 [보기 ②]
(4) 감지기회로 및 부속회로의 전로와 대지 사이 및 배선 상호간의 절연저항은 1경계구역마다 **직류 250V**의 **절연저항측정기**를 사용하여 측정한 절연저항이 **0.1MΩ 이상**이 되도록 할 것 [보기 ③④]

│ 절연저항시험(절대! 절대! 중요) │

절연저항계	절연저항	대 상
직류 250V	0.1MΩ 이상	• 1경계구역의 절연저항
직류 500V	5MΩ 이상	• 누전경보기 • 가스누설경보기 • 수신기 • 자동화재속보설비 • 비상경보설비 • 유도등(교류입력측과 외함 간 포함) • 비상조명등(교류입력측과 외함 간 포함)
	20MΩ 이상	• 경종 • 발신기 • 중계기 • 비상콘센트 • 기기의 절연된 선로 간 • 기기의 충전부와 비충전부 간 • 기기의 교류입력측과 외함 간(유도등·비상조명등 제외)
	50MΩ 이상	• 감지기(정온식 감지선형 감지기 제외) • 가스누설경보기(10회로 이상) • 수신기(10회로 이상)
	1000MΩ 이상	• 정온식 감지선형 감지기

(5) 자동화재탐지설비의 배선은 다른 전선과 별도의 **관·덕트·몰드** 또는 **풀박스** 등에 설치할 것(단, **60V 미만**의 **약전류회로**에 사용하는 전선으로서 각각의 전압이 같을 때는 제외)
(6) **P형 수신기** 및 **GP형 수신기**의 감지기회로의 배선에 있어서 하나의 공통선에 접속할 수 있는 경계구역은 **7개 이하**로 할 것
(7) 자동화재탐지설비의 감지기회로의 전로저항은 **50Ω 이하**가 되도록 해야 하며, 수신기의 각 회로별 종단에 설치되는 감지기에 접속되는 배선의 전압은 감지기 정격전압의 **80% 이상**이어야 할 것 [보기 ⑤]

자동화재탐지설비 감지기회로 전로저항	무선통신보조설비 누설동축케이블 임피던스
50Ω 이하	50Ω

★★★
문제 14

그림은 Y-△ 기동에 대한 시퀀스회로도이다. 회로를 보고 다음 각 물음에 답하시오.

(21.4.문1, 17.4.문12, 15.11.문2, 14.4.문1, 13.4.문6, 12.7.문9, 08.7.문14, 00.11.문10)

득점	배점
	7

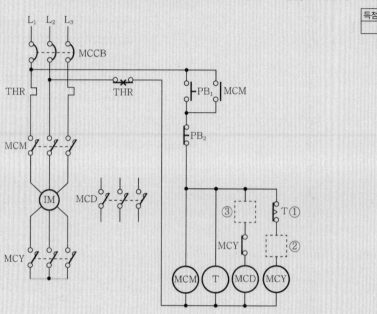

(가) Y-△ 기동회로를 사용하는 이유를 쓰시오.

　　○

(나) Y-△ 운전이 가능하도록 보조회로(제어회로)에서 기호 ① 부분의 접점 명칭을 쓰시오.

구 분	①
접점 명칭	

(다) 기호 ②, ③의 접점 기호를 그리시오.

구 분	②	③
접점 기호		

(라) Y-△ 운전이 가능하도록 주회로 부분을 미완성 도면에 완성하시오.

해답 (가) 기동전류를 작게 하기 위하여

(나)

구 분	①
접점 명칭	한시동작 b접점

(다)

구 분	②	③
접점 기호	MCD	T

(라)

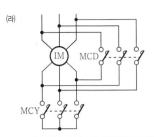

해설 (가)

> • '기동전류를 줄이기 위해', '기동하는 데 전력소모를 줄이기 위해' 또는 '기동전류를 낮게 하기 위해' 이렇게 쓰는 경우에 이것도 옳은 답이다. 책에 있는 것과 똑같이 암기할 필요는 없다.
> • 기동전류=시동전류

Y-△ 기동방식

① 전동기의 기동전류를 작게 하기 위하여 Y결선으로 기동하고 일정 시간 후 △결선으로 운전하는 방식

② 직입기동시 전류가 많이 소모되므로 Y결선으로 직입기동의 $\frac{1}{3}$ 전류로 기동하고 △결선으로 전환하여 운전하는 방법

Y결선 선전류	△결선 선전류
$$I_Y = \frac{V_l}{\sqrt{3}\,Z}$$	$$I_\triangle = \frac{\sqrt{3}\,V_l}{Z}$$
여기서, I_Y : 선전류[A] V_l : 선간전압[V] Z : 임피던스[Ω]	여기서, $I_\triangle$: 선전류[A] V_l : 선간전압[V] Z : 임피던스[Ω]

$$\frac{\text{Y결선 선전류}}{\text{△결선 선전류}} = \frac{I_Y}{I_\triangle} = \frac{\frac{V_l}{\sqrt{3}\,Z}}{\frac{\sqrt{3}\,V_l}{Z}} = \frac{1}{3}\left(\therefore \text{ Y결선을 하면 기동전류는 △결선에 비해 } \frac{1}{3}\text{로 경감(감소)한다.}\right)$$

(나)

> • "b접점"이라는 말도 꼭 써야 정답!
> • 타이머의 기호는 **T** 또는 **TLR** 등으로 표현

구 분	b접점	a접점
타이머 접점	T_{-b} ‖ 한시동작 b접점 ‖	T_{-a} ‖ 한시동작 a접점 ‖
	한시(限時)동작접점 : 일반적인 **타이머**와 같이 일정 시간 후 동작하는 접점	
	T_{-b} ‖ 한시복귀 b접점 ‖	T_{-a} ‖ 한시복귀 a접점 ‖
	한시복귀접점 : 순시동작한 다음 일정 시간 후 복귀하는 접점	

(다), (라)

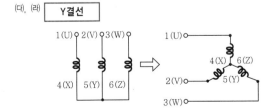

Y결선

1(U) 2(V) 3(W) ⟹ Y결선

4, 5, 6 또는 X, Y, Z가 모두 연결되도록 함

‖ Y결선 ‖

△결선

① △결선은 다음 그림의 △결선 1 또는 △결선 2 어느 것으로 연결해도 옳은 답이다.

② 1-6, 2-4, 3-5로 연결하는 방식이 전원을 투입할 때 순간적인 **돌입전류**가 적으므로 전동기의 수명을 연장시킬 수 있어서 이 방식을 권장한다.

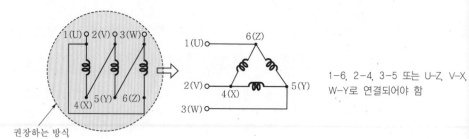

1-6, 2-4, 3-5 또는 U-Z, V-X, W-Y로 연결되어야 함

권장하는 방식

‖ △결선 1 ‖

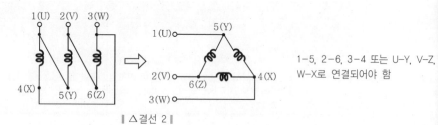

1-5, 2-6, 3-4 또는 U-Y, V-Z, W-X로 연결되어야 함

‖ △결선 2 ‖

③ 답에는 △결선을 1-6, 2-4, 3-5로 결선한 것을 제시하였다. 다음과 같이 △결선을 1-5, 2-6, 3-4로 결선한 도면도 답이 된다.

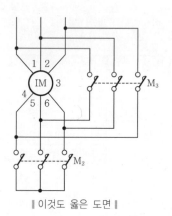

‖ 이것도 옳은 도면 ‖

동작설명

① 배선용 차단기 MCCB를 투입하면 보조회로에 전원이 공급된다.

② 기동용 푸시버튼스위치 PB₁을 누르면 전자접촉기 (MCM)과 타이머 (T)가 통전되며 (MCM) 보조 a접점에 의해 자기유지되고, 전자접촉기 (MCM)이 여자된다. 이와 동시에 (MCM), (MCY) 주접점이 닫히면서 전동기 (IM)은 Y결선으로 기동한다.

③ 타이머 ⓉT 의 설정시간 후 한시동작 b접점과 a접점이 열리고 닫히면서 MCY 가 소자되고 전자접촉기 MCD 가 여자된다. 이와 동시에 MCY 주접점이 열리고 MCD 주접점이 닫히면서 전동기 ⒾⓂ은 △결선으로 운전한다.

④ MCD , MCY 인터록 b접점에 의해 MCD , MCY 전자접촉기의 동시 투입을 방지한다.

⑤ PB₂를 누르거나 운전 중 과부하가 걸리면 열동계전기 THR이 개로되어 MCM , MCD 가 소자되고 전동기 ⒾⓂ은 정지한다.

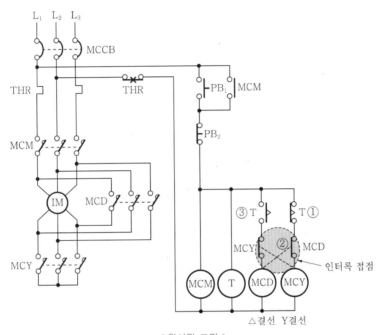

∥완성된 도면∥

별해

- 일반적으로 △결선 위에는 ⊳ T 접점이 온다. 기억하라!

- 일반적으로 Y결선 위에는 ⊳ T 접점이 온다. 기억하라!

비교문제

도면은 3상 농형 유도전동기의 Y−△ 기동방식의 미완성 시퀀스 도면이다. 이 도면을 보고 다음 각 물음에 답하시오. (13점)

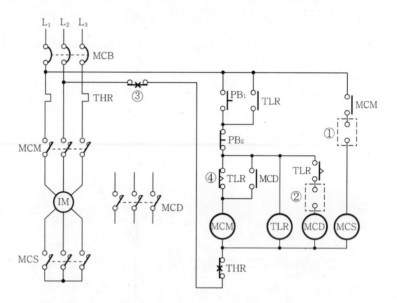

(가) 이 기동방식을 채용하는 이유는 무엇인가?

(나) 제어회로의 미완성부분 ①과 ②에 Y−△ 운전이 가능하도록 접점 및 접점 기호를 표시하시오.

(다) ③과 ④의 접점 명칭은? (단, 우리말로 쓰시오.)

(라) 주접점 부분의 미완성 부분(MCD 부분) 회로를 완성하시오.

해답 (가) 기동전류를 작게 하기 위하여

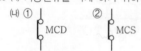

(다) ③ 수동복귀 b접점
④ 한시동작 b접점

(라)

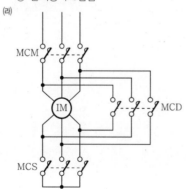

해설 (가) Y−△ 기동방식 : 전동기의 기동전류를 작게 하기 위하여 Y결선으로 기동하여 일정 시간 후 △결선으로 운전하는 방식

(나) ①과 ②의 접점은 전동기의 Y결선과 △결선이 동시에 투입되는 것을 방지하기 위한 **인터록 접점**이다.

(다) **시퀀스제어**의 **기본 심벌**

명 칭	심 벌		설 명
	a접점	b접점	
한시동작접점			**타이머**와 같이 일정 시간 후 동작하는 접점
수동복귀접점			**열동계전기**와 같이 인위적으로 복귀시키는 접점
수동조작 자동복귀접점			**푸시버튼스위치**와 같이 손을 떼면 복귀하는 접점
기계적 접점			**리미트스위치**와 같이 접점의 개폐가 전기적 이외의 원인에 의한 접점

(라) **완성된 도면**

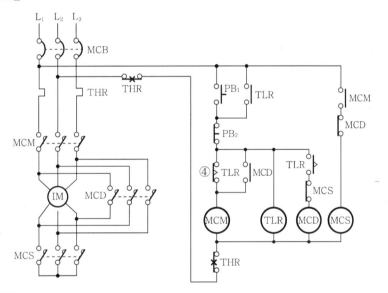

동작설명

① 기동용 푸시버튼스위치 PB₁을 누르면 전자개폐기 코일 (MCM), (MCS)에 전류가 흘러 주전점 (MCM), (MCS)가 닫히고 전동기가 Y결선으로 기동한다. 또한 타이머 (TLR)이 통전되고 자기유지된다.

② 타이머의 설정시간 후 한시 a, b접점이 동작하면 (MCM), (MCS)가 소자되므로 (MCM), (MCS) 주접점이 열리며 전자개폐기 코일 (MCM), (MCD)에 전류가 흘러 주접점 (MCM), (MCD)가 닫히고 전동기는 △결선으로 운전한다.

③ 정지용 푸시버튼스위치 PB₂를 누르면 여자 중이던 (MCM), (TLR), (MCD)가 소자되어 전동기는 정지한다.

④ 운전 중 과부하가 걸리면 열동계전기 THR이 작동하여 전동기를 정지시킨다.

★★★
문제 15

건물 내부에 가압송수장치로서 기동용 수압개폐장치를 사용하는 옥내소화전함과 P형 발신기 세트를 다음과 같이 설치하였다. 다음 각 물음에 답하시오. (단, 경종선에는 단락보호장치를 하고, 각 배선 상에 다른 층의 화재통보에 지장이 없도록 유효한 조치를 하였다. 또한, 전화선은 제외한다.)

(18.11.문4, 15.7.문11, 08.7.문17)

득점	배점
	9

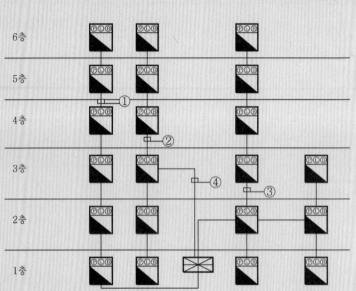

(가) ①~④의 전선가닥수를 답란에 쓰시오.

구 분	①	②	③	④
가닥수				

(나) 설치된 P형 수신기는 몇 회로용인가?
  ○

(다) 5층 경종선이 단락되었을 때 경보하여야 하는 층은?
  ○

(라) 발신기에 부착되는 음향장치에 대하여 다음 항목에 답하시오.
  ○정격전압의 (   )% 전압에서 음향을 발할 수 있는 것으로 할 것
  ○음량의 성능 :

해답 (가)

구 분	①	②	③	④
가닥수	10	12	14	18

(나) 25회로용

(다) 1층, 2층, 3층, 4층, 6층

(라) ○80
  ○음량의 성능 : 부착된 음향장치의 중심에서 1m 위치에서 90dB 이상

해설 (가)

기 호	가닥수	전선의 사용용도(가닥수)
①	10	회로선 2, 회로공통선 1, 경종선 2, 경종표시등공통선 1, 응답선 1, 표시등선 1, 기동확인표시등 2
②	12	회로선 3, 회로공통선 1, 경종선 3, 경종표시등공통선 1, 응답선 1, 표시등선 1, 기동확인표시등 2
③	14	회로선 4, 회로공통선 1, 경종선 4, 경종표시등공통선 1, 응답선 1, 표시등선 1, 기동확인표시등 2
④	18	회로선 6, 회로공통선 1, 경종선 6, 경종표시등공통선 1, 응답선 1, 표시등선 1, 기동확인표시등 2

- **지상 6층**이므로 **일제경보방식**이다.
- 일제경보방식이므로 경종선은 층수마다 증가한다. 다시 말하면 경종선은 층수를 세어보면 된다.
- 문제에서 기동용 수압개폐방식(**자동기동방식**)도 주의하여야 한다. 옥내소화전함이 자동기동방식이므로 감지기배선을 제외한 간선에 '**기동확인표시등 2**'가 추가로 사용되어야 한다. 특히, 옥내소화전배선은 구역에 따라 가닥수가 늘어나지 않는 것에 주의하라!

확실한 해석

옥내소화전설비 겸용 자동화재탐지설비의 **가닥수**에 대한 **명확한 해석**

문제조건 1

"배선에는 단락보호장치를 하고 다른 층의 화재통보에 지장이 없도록 각 층 배선상에 유효한 <u>조치를 하였다</u>."로 출제된 경우

다른 층의 화재통보에 지장이 없도록 하는 각 층의 유효한 조치는 현재로서는 각 층마다 경종선을 추가하는 방법 밖에 없는데, 배선상의 유효한 조치를 하였으니 경종선을 각 층마다 추가하라는 뜻인지? 이미 유효한 조치를 했기 때문에 경종선은 각 층마다 추가하지 말고 1선으로 하라는 말인지 출제의도가 불분명하다.

이런 경우 경종선을 각 층마다 추가한 답과 경종선을 1선으로 한 답 모두 정답으로 채점될 것으로 보인다. 실제로도 이렇게 채점되었다.

‖ 이것도 정답 ‖

기 호	가닥수	전선의 사용용도(가닥수)
①	9	회로선 2, 회로공통선 1, 경종선 1, 경종표시등공통선 1, 응답선 1, 표시등선 1, 기동확인표시등 2
②	10	회로선 3, 회로공통선 1, 경종선 1, 경종표시등공통선 1, 응답선 1, 표시등선 1, 기동확인표시등 2
③	11	회로선 4, 회로공통선 1, 경종선 1, 경종표시등공통선 1, 응답선 1, 표시등선 1, 기동확인표시등 2
④	13	회로선 6, 회로공통선 1, 경종선 1, 경종표시등공통선 1, 응답선 1, 표시등선 1, 기동확인표시등 2

문제조건 2

"배선에는 단락보호장치를 하고 다른 층의 화재통보에 지장이 없도록 각 층 배선상에 유효한 <u>조치를 한다</u>."로 출제된 경우

경종선을 각 층마다 추가하라는 뜻으로 해석하여 경종선을 각 층마다 추가한 답만 정답으로 채점될 것으로 보인다. 그러므로 아래의 답과 같다.

‖ 이것만 정답 ‖

기 호	가닥수	전선의 사용용도(가닥수)
①	10	회로선 2, 회로공통선 1, 경종선 2, 경종표시등공통선 1, 응답선 1, 표시등선 1, 기동확인표시등 2
②	12	회로선 3, 회로공통선 1, 경종선 3, 경종표시등공통선 1, 응답선 1, 표시등선 1, 기동확인표시등 2
③	14	회로선 4, 회로공통선 1, 경종선 4, 경종표시등공통선 1, 응답선 1, 표시등선 1, 기동확인표시등 2
④	18	회로선 6, 회로공통선 1, 경종선 6, 경종표시등공통선 1, 응답선 1, 표시등선 1, 기동확인표시등 2

자동화재탐지설비 및 시각경보장치의 **화재안전기술기준**(NFTC 203 2.2.3.9)의 **해석**

화재로 인하여 하나의 층의 지구음향장치 또는 배선이 단락되어도 다른 층의 화재통보에 지장이 없도록 각 층 배선상에 유효한 조치를 할 것

이 기준에 의해 배선이 단락되어도 다른 층의 화재통보에 지장이 없도록 하려면 수신기에 경종선마다 **단락보호장치**(Fuse)를 설치하고 **각 층마다 경종선**이 1가닥씩 **추가**되어야 한다. 그림 (a)

현존하는 어떠한 기술로도 경종선이 각 층마다 추가되지 않고서는 **배선**에서의 **단락**시 다른 층의 화재통보에 절대로 지장이 없도록 할 수가 없기 때문이다.

다음을 보라!

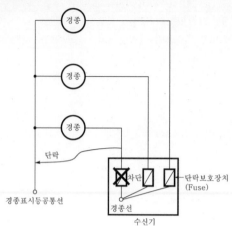

(a) 경종선을 각 층마다 추가한 경우

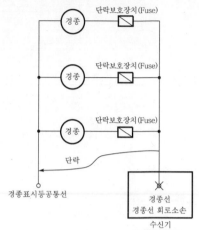

(b) 경종선을 1가닥으로 한 경우
(단락보호장치를 경종선에 설치한 경우)

경종표시등공통선과 경종선 단락시 수신기에 설치된 단락보호장치 중 단락된 단락보호장치만 차단되어 다른 층의 화재통보에 지장이 없으므로 일제경보방식이라도 이와 같이 각 층마다 경종선을 1가닥씩 추가하여 배선해야 함

경종표시등공통선과 경종선 단락시 단락보호장치가 이를 감지하지 못하고 수신기의 경종선 회로가 소손되어 다른 층의 화재통보도 할 수 없으므로 일제경보방식이라도 경종선을 1가닥으로 배선하면 안 됨

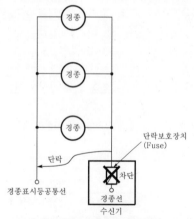

(c) 경종선을 1가닥으로 한 경우
(단락보호장치를 배선에 설치한 경우)

경종표시등공통선과 경종선 단락시 단락보호장치가 차단되지만 다른 층의 화재통보도 할 수 없으므로 일제경보방식이라도 경종선을 1가닥으로 배선하면 안 됨

만약 경종선을 병렬로 1가닥으로 배선하고 경종에 단락보호장치를 한다면 경종 단락시에는 다른 층의 화재통보에 지장이 없지만 1가닥으로 배선한 경종선이 단락되었을 때에는 경종에 설치된 단락보호장치가 이를 감지하지 못하고, 이로 인해 수신기의 경종선 회로가 소손되어 다른 층의 화재통보도 할 수 없으므로 경종선은 일제경보방식이라 하더라도 각 층마다 1가닥씩 반드시 추가되어야 다른 층의 화재통보에 지장이 없다. 그림 (b)
수신기에 단락보호장치를 설치하고 경종선을 1가닥으로 병렬로 배선한다고 하면 단락보호장치가 차단되지만, 다른 층의 화재통보에 지장을 미치므로 경종선은 각 층마다 반드시 1가닥씩 추가되어야 단락보호를 할 수 있다. 그림 (c)
이 문제 15번에서 (다)의 질문을 보더라도 5층 경종선이 단락되었을 때 다른 층의 화재통보에 지장이 없도록 하기 위해서는 **각 층**마다 **경종선**이 반드시 **추가**되어야 한다.

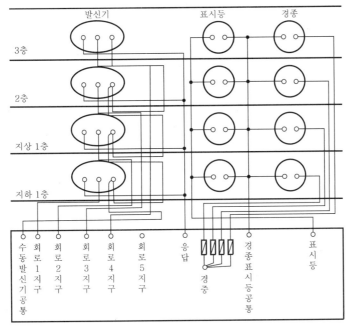

응답   지구   공통

(수동발신기 단자명)

▨ : 퓨즈(Fuse)

┃ 일제경보방식의 상세 결선도 ┃

📝 비교

비상방송설비인 경우 비상방송설비의 화재안전기술기준(NFTC 202 2.2.1.1)에 의해 "**화재로 인하여 하나의 층의 확성기 또는 배선이 단락 또는 단선되어도 다른 층의 화재통보에 지장이 없도록 할 것**"이라고 규정하고 있으므로 실제 실무에서 공통선 배선과 업무용 배선을 각 층마다 1가닥씩 추가하여 배선하고 있다.

🔦 중요

발화층 및 직상 4개층 우선경보방식과 **일제경보방식**

발화층 및 직상 4개층 우선경보방식	일제경보방식
• 화재시 **안전**하고 **신속**한 **인명**의 **대피**를 위하여 화재가 발생한 층과 **인근층부터** 우선하여 별도로 **경보**하는 방식 • 11층(공동주택 16층) 이상의 특정소방대상물의 경보	• **소규모 특정소방대상물**에서 화재발생시 **전층**에 동시에 **경보**하는 방식

(나) 회로수= 개수이므로 총 21회로이다.

　　21회로이므로 P형 수신기는 **25회로**용으로 사용하면 된다. P형 수신기는 5회로용, 10회로용, 15회로용, 20회로용, 25회로용, 30회로용, 35회로용, 40회로용 … 이런 식으로 5회로씩 증가한다. 일반적으로 실무에서는 40회로가 넘는 경우 R형 수신기를 채택하고 있다. (그냥 21회로라고 답하면 틀린다. 주의하라!)

(다) **자동화재탐지설비 및 시각경보장치**의 **화재안전기술기준**(NFTC 203 2.2.3.9)

> 화재로 인하여 하나의 층의 지구음향장치 또는 배선이 단락되어도 다른 층의 화재통보에 지장이 없도록 각 층 배선상에 유효한 조치를 할 것

　　위 기준에 의해 경종선의 배선이 단락되어도 다른 층의 화재통보에 지장이 없어야 하므로 문제에서 5층이 단락되었으므로 5층을 제외한 1층, 2층, 3층, 4층, 6층이 정답이다.

(라) **자동화재탐지설비 음향장치**의 **구조 및 성능기준**

　　① 정격전압의 **80%** 전압에서 음향을 발할 수 있는 것으로 할 것

　　② 음량은 부착된 음향장치의 중심으로부터 1m 떨어진 위치에서 **90dB** 이상이 되는 것으로 할 것

　　③ **감지기** 및 **발신기**의 작동과 연동하여 작동할 수 있는 것으로 할 것

★★★ 문제 16

자동화재탐지설비 및 시각경보장치의 화재안전기술기준에서 감지기의 설치제외장소에 관한 다음
(   ) 안을 완성하시오.   (20.11.문8, 16.4.문16, 14.4.문13, 12.11.문14)

특점	배점
	8

○ 천장 또는 반자의 높이가 (①)m 이상인 장소. 다만, 감지기로서 부착높이에 따라 적응성이 있는 장소는 제외한다.

○ 헛간 등 외부와 기류가 통하는 장소로서 감지기에 따라 (②)을 유효하게 감지할 수 없는 장소

○ (③)가 체류하고 있는 장소

○ 고온도 및 (④)로서 감지기의 기능이 정지되기 쉽거나 감지기의 유지관리가 어려운 장소

○ 목욕실·욕조나 샤워시설이 있는 화장실·기타 이와 유사한 장소

○ 파이프덕트 등 그 밖의 이와 비슷한 것으로서 (⑤)층마다 방화구획된 것이나 수평단면적이 (⑥)m² 이하인 것

○ 먼지·가루 또는 (⑦)가 다량으로 체류하는 장소 또는 주방 등 평상시 연기가 발생하는 장소 (단, 연기감지기에 한한다.)

○ 프레스공장·주조공장 등 (⑧)로서 감지기의 유지관리가 어려운 장소

해답
① 20
② 화재발생
③ 부식성 가스
④ 저온도
⑤ 2개
⑥ 5
⑦ 수증기
⑧ 화새발생의 위험이 적은 장소

해설

- ⑤ "2개", "2"만 써도 맞게 채점될 것으로 보임
- ⑧ "화재발생 위험이 낮은 장소"도 맞게 채점됨

설치제외장소

(1) **자동화재탐지설비**의 **감지기 설치제외장소**(NFPC 203 7조 ⑤항, NFTC 203 2.4.5)
① 천장 또는 반자의 높이가 **20m** 이상인 곳(감지기의 부착높이에 따라 적응성이 있는 장소 제외) 보기 ①
② **헛간** 등 외부와 기류가 통하여 **화재발생**을 유효하게 감지할 수 없는 장소 보기 ②
③ **목욕실**·욕조나 샤워시설이 있는 화장실, 기타 이와 유사한 장소
④ **부식성 가스** 체류장소 보기 ③
⑤ **프레스공장**·**주조공장** 등 화재발생의 위험이 **적은 장소**로서 감지기의 **유지관리**가 어려운 장소 보기 ⑧
⑥ **고온도** 및 **저온도**로서 감지기의 기능이 정지되기 쉽거나 감지기의 유지관리가 어려운 장소 보기 ④
⑦ **파이프덕트** 등 그 밖의 이와 비슷한 것으로서 **2개층**마다 방화구획된 것이나 수평단면적이 **5m²** 이하인 장소 보기 ⑤ ⑥
⑧ 먼지·가루 또는 **수증기**가 다량으로 체류하는 장소 또는 주방 등 평상시 연기가 발생하는 장소(**연기감지기**에 한함) 보기 ⑦

> **기억법** 감제헛목 부프주유2고

(2) **누전경보기**의 **수신부 설치제외장소**(NFPC 205 5조, NFTC 205 2.2.2)
① **온**도변화가 급격한 장소
② **습**도가 높은 장소
③ **가**연성의 증기, 가스 등 또는 부식성의 증기, 가스 등의 다량 체류장소
④ **대전류회로, 고주파발생회로** 등의 영향을 받을 우려가 있는 장소
⑤ **화**약류 제조, 저장, 취급장소

> **기억법** 온습누가대화(온도·습도가 높으면 **누가** 대화하냐?)

(3) **피난구유도등**의 **설치제외장소**(NFPC 303 11조 ①항, NFTC 303 2.8.1)
 ① 옥내에서 직접 지상으로 통하는 출입구(바닥면적 **1000m²** 미만 층)
 ② **대각선 길이**가 **15m** 이내인 구획된 실의 출입구
 ③ 비상조명등 · 유도표지가 설치된 거실 출입구(거실 각 부분에서 출입구까지의 **보행거리 20m** 이하)
 ④ 출입구가 **3 이상**인 거실(거실 각 부분에서 출입구까지의 **보행거리 30m** 이하는 주된 출입구 **2개 외**의 출입구)

(4) **통로유도등**의 **설치제외장소**(NFPC 303 11조 ②항, NFTC 303 2.8.2)
 ① 길이 **30m** 미만의 복도 · 통로(구부러지지 않은 복도 · 통로)
 ② 보행거리 **20m** 미만의 복도 · 통로(출입구에 **피난구유도등**이 설치된 복도 · 통로)

(5) **객석유도등**의 **설치제외장소**(NFPC 303 11조 ③항, NFTC 303 2.8.3)
 ① 채광이 충분한 객석(**주간**에만 사용)
 ② 통로유도등이 설치된 객석(거실 각 부분에서 거실 출입구까지의 **보행거리 20m** 이하)

> 기억법 **채객보통**(채소는 **객**관적으로 **보통**이다.)

(6) **비상조명등**의 **설치제외장소**(NFPC 304 5조 ①항, NFTC 304 2.2.1)
 ① 거실 각 부분에서 출입구까지의 **보행거리 15m** 이내
 ② **공동주택 · 경기장 · 의원 · 의료시설 · 학교** 거실

(7) **휴대용 비상조명등**의 **설치제외장소**(NFPC 304 5조 ②항, NFTC 304 2.2.2)
 ① 복도 · 통로 · 창문 등을 통해 **피**난이 용이한 경우(**지상 1층 · 피난층**)
 ② **숙박시설**로서 복도에 비상조명등을 설치한 경우

> 기억법 **휴피**(**휴**지로 **피** 닦아.)

 문제 17

이산화탄소 소화설비의 음향경보장치 설치기준에 대한 설명이다. ( ) 안에 알맞은 말을 넣으시오.

(21.4.문14)

○(①)를 설치한 것은 그 기동장치의 조작과정에서, (②)를 설치한 것은 (③)와 연동하여 자동으로 경보를 발하는 것으로 할 것

득점	배점
	4

○소화약제의 방출개시 후 (④)분 이상 경보를 계속할 수 있는 것으로 할 것
○방호구역 또는 방호대상물이 있는 구획 안에 잇는 자에게 유효하게 경보할 수 있는 것으로 할 것

해답 ① 수동식 기동장치
 ② 자동식 기동장치
 ③ 화재감지기
 ④ 1

해설
• ③ "**감지기**"라고만 답해도 맞게 채점될 것으로 보인다.
• 할론소화설비 · 할로겐화합물 및 불활성기체 소화설비 · 분말소화설비의 음향경보장치 설치기준도 이산화탄소 소화설비의 음향경보장치 설치기준과 같다.

이산화탄소 소화설비의 **음향경보장치 설치기준**(NFPC 106 13조, NFTC 106 2.10.1)
(1) **수동식 기동장치**를 설치한 것은 그 **기동장치**의 조작과정에서, **자동식 기동장치**를 설치한 것은 **화재감지기와 연동**하여 **자동**으로 경보를 발하는 것으로 할 것
(2) 소화약제 방출개시 후 **1분 이상** 경보를 계속할 수 있는 것으로 할 것
(3) **방호구역** 또는 **방호대상물**이 있는 구획 안에 있는 자에게 유효하게 경보할 수 있는 것으로 할 것

문제 18

경보설비에 대한 다음 각 물음에 답하시오.

득점	배점
	3

(개) 경보설비의 정의를 쓰시오.
○

(내) 경보설비의 종류 6가지를 쓰시오.
○

○

○

○

○

○

해답

(개) 화재발생 사실을 통보하는 기계·기구 또는 설비

(내) ① 자동화재탐지설비
② 시각경보기
③ 자동화재속보설비
④ 누전경보기
⑤ 가스누설경보기
⑥ 비상방송설비

해설

구 분	경보설비	피난구조설비	소화활동설비
정의	화재발생 사실을 통보하는 기계·기구 또는 설비	화재가 발생할 경우 피난하기 위하여 사용하는 기구 또는 설비	화재를 진압하거나 인명구조활동을 위하여 사용하는 설비
종류	① **자**동화재탐지설비 · 시각경보기 ② **자**동화재속보설비 ③ **가**스누설경보기 ④ **비**상방송설비 ⑤ **비**상경보설비(비상벨설비, 자동식 사이렌설비) ⑥ **누**전경보기 ⑦ **단**독경보형 감지기 ⑧ 통합감시시설 ⑨ 화재알림설비 **기억법** 경자가비누단(경자가 비누를 단독으로 쓴다.)	(1) **피**난기구 ─ 피난사다리 ─ 구조대 ─ 완강기 ─ 소방청장이 정하여 고시하는 화재안전 기준으로 정하는 것 (미끄럼대, 피난교, 공기안전매트, 피난용 트랩, 다수인 피난장비, 승강식 피난기, 간이완강 기, 하향식 피난구 용 내림식 사다리) (2) **인**명구조기구 ─ **방열**복 ─ 방**화**복(안전 모, 보호장갑, 안전화 포함) ─ **공**기호흡기 ─ **인**공소생기 **기억법** 방화열공인 (3) 유도등 ─ 피난유도선 ─ 피난구유도등 ─ 통로유도등 ─ 객석유도등 ─ 유도표지 (4) 비상조명등 · 휴대용 비상조명등	(1) **연**결송수관설비 (2) **연**결살수설비 (3) **연**소방지설비 (4) **무**선통신보조설비 (5) 제연설비 (6) **비**상**콘**센트설비 **기억법** 3연무제비콘

" 한번에! 빠르게! 합격하기!! "

고졸 인문계 출신 합격!

필기시험을 치르고 실기 책을 펼치는 순간 머리가 하얗게 되더군요. 그래서 어떻게 공부를 해야 하나 인터넷을 뒤적이다가 공하성 교수님 강의가 제일 좋다는 이야기를 듣고 공부를 시작했습니다. 관련학과도 아닌 고졸 인문계 출신인 저도 제대로 이해할 수 있을 정도로 정말 정리가 잘 되어 있더군요. 문제 하나하나 풀어가면서 설명해주시는데 머릿속에 쏙쏙 들어왔습니다. 약 3주간 미친 듯이 문제를 풀고 부족한 부분은 강의를 들었습니다. 그렇게 약 6주간 공부 후 시험결과 실기점수 74점으로 최종 합격하게 되었습니다. 정말 빠른 시간에 합격하게 되어 뿌듯했고 공하성 교수님 강의를 접한 게 정말 잘했다는 생각이 들었습니다. 저도 할 수 있다는 것을 깨닫게 해준 성안당 출판사와 공하성 교수님께 정말 감사의 말씀을 올립니다.

_ 김○건님의 글

시간 단축 및 이해도 높은 강의!

소방은 전공분야가 아닌 관계로 다른 방법의 공부를 필요로 하게 되어 공하성 교수님의 패키지 강의를 수강하게 되었습니다. 전공이든, 비전공이든 학원을 다니거나 동영상강의를 집중적으로 듣고 공부하는 것이 혼자 공부하는 것보다 엄청난 시간적 이점이 있고 이해도 훨씬 높은 것 같습니다. 주로 공하성 교수님 실기 강의를 3번 이상 반복 수강하고 남는 시간은 노트정리 및 암기하여 실기 역시 높은 점수로 합격을 하였습니다. 처음 기사시험을 준비할 때 '할 수 있을까?'하는 의구심도 들었지만 나이 60세에 새로운 자격증을 하나둘 새로 취득하다 보니 미래에 대한 막연한 두려움도 극복이 되는 것 같습니다.

_ 김○규님의 글

단 한번에 합격!

퇴직 후 진로를 소방감리로 결정하고 먼저 공부를 시작한 친구로부터 공하성 교수님 인강과 교재를 추천받았습니다. 이것이 단 한번에 필기와 실기를 합격한 지름길이었다고 생각합니다. 인강을 듣는 중 공하성 교수님 특유의 기억법과 유사 항목에 대한 정리가 공부에 큰 도움이 되었습니다. 인강 후 공하성 교수님께서 강조한 항목을 중심으로 이론교재로만 암기를 했는데 이때는 처음부터 끝까지 하지 않고 네 과목을 번갈아 가면서 암기를 했습니다. 지루함을 피하기 위함이고 이는 공하성 교수님께서 추천하는 공부법이었습니다. 필기시험을 거뜬히 합격하고 실기시험에 매진하여 시험을 봤는데, 문제가 예상했던 것보다 달라서 당황하기도 했고 그래서 약간의 실수도 있었지만 실기도 한번에 합격을 할 수 있었습니다. 실기시험이 끝나고 바로 성안당의 공하성 교수님 교재로 소방설비기사 전기 공부를 하고 있습니다. 전공이 달라 이해하고 암기하는 데 어려움이 있긴 하지만 반복해서 하면 반드시 합격하리라 확신합니다. 나이가 많은 데도 불구하고 단 한번에 합격하는 데 큰 도움을 준 성안당과 공하성 교수님께 감사드립니다.

_ 최○수님의 글

"한번에! 빠르게! 합격하기!!"

소방설비기사 원샷 원킬!

처음엔 강의는 듣지 않고 책의 문제만 봤습니다. 그런데 책을 보고 이해해보려 했지만 잘 되지 않았습니다. 그래도 처음은 경험이나 해보자고 동영상강의를 듣지 않고 책으로만 공부를 했습니다. 간신히 필기를 합격하고 바로 친구의 추천으로 공하성 교수님의 동영상강의를 신청했고, 확실히 혼자 할 때보다 공하성 교수님 강의를 들으니 이해가 잘 되었습니다. 중간중간 공하성 교수님의 재미있는 농담에 강의를 보다가 혼자 웃기도 하고 재미있게 강의를 들었습니다. 물론 본인의 노력도 필요하지만 인강을 들으니 필기 때는 전혀 이해가 안 가던 부분들도 실기 때 강의를 들으니 이해가 잘 되었습니다. 생소한 분야이고 지식이 전혀 없던 자격증 도전이었지만 한번에 합격할 수 있어서 너무 기쁘네요. 여러분들도 저를 보고 희망을 가지시고 열심히 해서 꼭 합격하시길 바랍니다.

_ 이○목님의 글

소방설비기사(전기) 합격!

41살에 첫 기사 자격증 취득이라 기쁩니다. 실무에 필요한 소방설계 지식도 쌓고 기사 자격증도 취득하기 위해 공하성 교수님의 강의를 들었습니다. 재미나고 쉽게 설명해주시는 공하성 교수님의 강의로 필기·실기시험 모두 합격할 수 있었습니다. _ 이○용님의 글

소방설비기사 합격!

시간을 의미 없이 보내는 것보다 미래를 준비하는 것이 좋을 것 같아 소방설비기사를 공부하게 되었습니다. 퇴근 후 열심히 노력한 결과 1차 필기시험에 합격하게 되었습니다. 기쁜 마음으로 2차 실기시험을 준비하기 위해 전에 선배에게 추천받은 강의를 주저없이 구매하였습니다. 1차 필기시험을 너무 쉽게 합격해서인지 2차 실기시험을 공부하는데, 처음에는 너무 생소하고 이해되지 않는 부분이 많았는데 교수님의 자세하고 반복적인 설명으로 조금씩 내용을 이해하게 되었고 자신감도 조금씩 상승하게 되었습니다. 한 번 강의를 다 듣고 두 번 강의를 들으니 처음보다는 훨씬 더 이해가 잘 되었고 과년도 문제를 풀면서 중요한 부분을 파악히였습니다. 드디어 실기시험 시간이 다가왔고 안전한 자신감은 없었지만 실기시험을 보게 되었습니다. 확실히 아는 것이 많이 있었고 많은 문제에 생각나는 답을 기재한 결과 시험에 합격하였다는 문자를 받게 되었습니다. 합격까지의 과정에 온라인강의가 가장 많은 도움이 되었고, 반복해서 학습하는 것이 얼마나 중요한지 새삼 깨닫게 되었습니다. 자격시험에 도전하시는 모든 분들께 저의 합격수기가 조금이나마 도움이 되었으면 히는 바람입니다.

_ 이○인님의 글

2024 최신개정판

1개년 과년도 **소방설비기사** 전기 ❶-1 **실기**

2023. 3. 15. 초 판 1쇄 발행
2024. 1. 24. 1차 개정증보 1판 1쇄 발행

지은이 | 공하성
펴낸이 | 이종춘
펴낸곳 | **BM** (주)도서출판 **성안당**

주소 | 04032 서울시 마포구 양화로 127 첨단빌딩 3층(출판기획)
　　　 10881 경기도 파주시 문발로 112 파주 출판 문화도시(제작 및 물류)

전화 | 02) 3142-0036
　　　 031) 950-6300

팩스 | 031) 955-0510

등록 | 1973. 2. 1. 제406-2005-000046호

출판사 홈페이지 | www.cyber.co.kr

ISBN | 978-89-315-8657-2 (13530)

정가 | 13,000원(해설가리개 포함)

이 책을 만든 사람들

기획 | 최옥현
진행 | 박경희
교정·교열 | 김혜린, 최주연
전산편집 | 이지연
표지 디자인 | 박현정
홍보 | 김계향, 유미나, 정단비, 김주승
국제부 | 이선민, 조혜란
마케팅 | 구본철, 차정욱, 오영일, 나진호, 강호묵
마케팅 지원 | 장상범
제작 | 김유석

www.cyber.co.kr
성안당 Web 사이트